Optimierung im Airline Revenue Management

INFORMATIONSTECHNOLOGIE UND ÖKONOMIE

Herausgegeben von Christian Becker, Wolfgang Gaul,
Armin Heinzl, Alexander Mädche und Martin Schader

Band 53

PL ACADEMIC RESEARCH

Christoph Winkler

Optimierung im Airline Revenue Management

PL ACADEMIC RESEARCH

Bibliografische Information der Deutschen Nationalbibliothek
Die Deutsche Nationalbibliothek verzeichnet diese Publikation in der Deutschen Nationalbibliografie; detaillierte bibliografische Daten sind im Internet über http://dnb.d-nb.de abrufbar.

Zugl.: Karlsruhe, Univ., Diss. 2013

D 90
ISSN 1616-086X
ISBN 978-3-631-64499-7 (Print)
E-ISBN 978-3-653-03817-0 (E-Book)
DOI 10.3726/978-3-653-03817-0

PL Academic Research ist ein Imprint der Peter Lang GmbH.

Peter Lang – Frankfurt am Main · Bern · Bruxelles · New York · Oxford · Warszawa · Wien

Dieses Buch erscheint in einer Herausgeberreihe bei PL Academic Research und wurde vor Erscheinen peer reviewed.

www.peterlang.com

Danksagung

Mein vornehmlicher Dank gilt meinem Doktorvater, Herrn Prof. Dr. Wolfgang Gaul, für die Betreuung der Arbeit sowie für die anhaltende Unterstützung bis zum Abschluss der Promotion. Er fand immer Zeit für fachliche Ratschläge sowie kreative, konstruktive und herausfordernde Anregungen. Weiterhin danke ich Herrn Prof. Dr. Karl-Heinz Waldmann für die Übernahme des Korreferats. Bei Herrn Prof. Dr. Martin Klarmann und Herrn Prof. Dr. Ir. Marc Wouters bedanke ich mich, dass sie sich als Prüfer bzw. Vorsitzender an meiner mündlichen Promotionsprüfung beteiligt haben.

Ebenfalls danken möchte ich allen Mitarbeitern des Instituts für Entscheidungstheorie und Unternehmensforschung, insbesondere Frau Dr. Rebecca Klages, Herrn Dr. Dominic Gastes sowie Herrn Dipl.-Wi.-Ing. Dominique Vincent. Zusammen mit Frau Bayer und Frau Nickel vom Sekretariat haben sie für eine äußerst angenehme und freundschaftliche Arbeitsatmosphäre gesorgt. Weiterer Dank gilt dem gesamten Team des Instituts für Informationswirtschaft und Marketing, Forschergruppe Marketing & Vertrieb, für die Unterstützung während der letzten Phase meiner Promotion.

Mein tiefster Dank gilt meiner Familie, in erster Linie meinen Eltern für den bedingungslosen Rückhalt während des Studiums, der Promotion und in so manchen schwierigen Lebenslagen. Dabei standen mir auch meine beiden Brüder Volker und Tobias zu jeder Zeit mit Rat und Tat zur Seite. Schließlich möchte ich mich besonders bei Sara für die Motivation und das große Verständnis gerade in den Monaten vor Abgabe der Arbeit bedanken.

Karlsruhe im August 2013

Christoph Winkler

Inhaltsverzeichnis

Abbildungsverzeichnis

Tabellenverzeichnis

Kapitel 1

Einleitung

1.1 Motivation

Verkehrswege auf der Straße, auf Schienen, zu Wasser oder in der Luft erhalten in der heutigen Zeit eine immer stärker werdende Bedeutung. So leisten die Gestaltung und der Ausbau des Wegenetzes einen wichtigen Beitrag zum Bruttosozialprodukt eines Landes und zum Gemeinwohl der Bevölkerung. Das Wegenetz ist relevant für geschäftliche Beziehungen, militärische Einsätze oder private Aktivitäten. Ziele im geschäftlichen Umfeld sind z.B. der schnelle und sichere Transport von Produkten zum Kunden sowie die rechtzeitige Ankunft von Geschäftsleuten zu Terminen. Im militärischen Bereich müssen Personen, Fahrzeuge oder Geräte zuverlässig und oft sehr kurzfristig am jeweiligen Einsatzort sein. Bei Privatreisen spielt die kostengünstige und komfortable Beförderung meist für touristische Zwecke die entscheidende Rolle (vgl. Nuhn/Hesse (2006) [170], S. 11-12).

Ein wichtiger Aspekt ist dabei, dass Teilnehmer im Rahmen von Bahn-, Bus- oder Flugreisen häufig zusammengesetzte Verbindungen, die mehrere Zwischenaufenthalte, ein Umsteigen oder den Wechsel des Verkehrsmittels beinhalten, buchen. Damit entstehen oft sehr komplexe Netzwerkstrukturen.

Die rasantesten Entwicklungen in dieser Hinsicht haben sich wohl im Airlinebereich ergeben. Abbildung 1.1 stellt die komplexen Vernetzungen im Flugverkehr graphisch dar und zeigt farblich differenziert die Distanzen weltweiter Airline-Routen (vgl. Bio.Diaspora Project (2013) [36]). So ist es mittlerweile möglich, an Ziele innerhalb Europas in nur wenigen Stunden zu kommen. Die größte Entfernung von Flughafen zu Flughafen beträgt lediglich drei Stunden. Global betrachtet ist jeder Ort auf der Welt innerhalb von nur 24 Stunden zu erreichen.

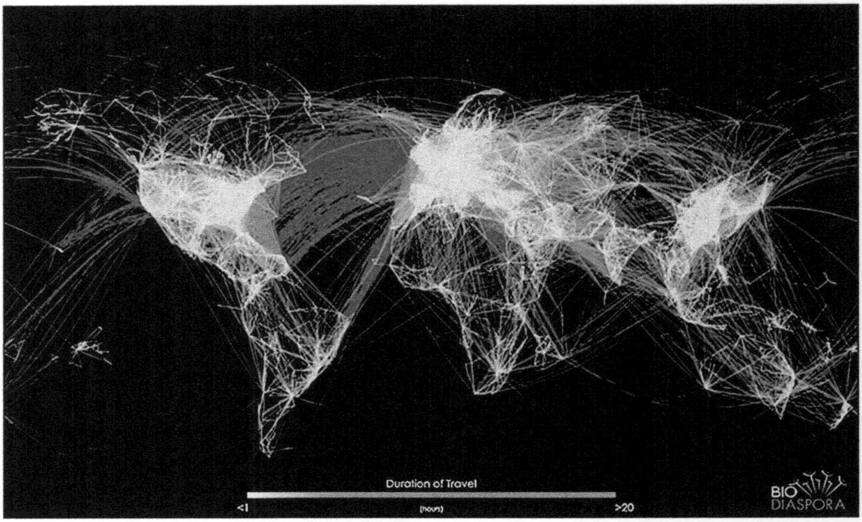

Abbildung 1.1: Weltweite Airline-Routen (Quelle: www.biodiaspora.com).

Strategische Allianzen wie StarAlliance, SkyTeam und Oneworld Alliance erzeugen durch das Angebot von Interlineverbindungen (Umsteigen von Passagieren zwischen Flügen beteiligter Partnerairlines) oder Codesharing-Abkommen (gemeinsame Durchführung eines Fluges der Partnerairlines unter mehreren Flugnummern) wertvolle Synergieeffekte. Teilnehmende Fluggesellschaften versuchen, ihre Streckennetze anschlussorientiert zu verknüpfen, um so dem Kunden eine „nahtlose Reise“ (engl. Seamless Travel) zu ermöglichen (vgl. Pompl (2006) [178], S. 83).

Ein Verfahren, welches in diesem System die Festlegung von Preisen für Angebote sowie den Einsatz vorhandener Kapazitäten steuert, ist daher von besonderer Bedeutung.

So beschäftigt sich Revenue Management mit der erlösoptimalen Gestaltung von Entscheidungsprozessen. Diese relativ neue Forschungsdisziplin hat sich gerade durch die Optimierung innerhalb solcher komplexen Netzstrukturen im Airlinebereich verbreitet und stellt mittlerweile in vielen anderen Industriezweigen ein wichtiges Steuerungskonzept dar (vgl. Phillips (2005) [176], S. 176). Die Betrachtung von Anwendungen des Revenue Managements bildet somit den Kern der vorliegenden Arbeit.

1.2 Ziel der Arbeit

Ziel der Arbeit ist die Untersuchung von Verallgemeinerungen des Netzwerk-Falles innerhalb des Revenue Managements, im Englischen als Network Revenue Management bezeichnet. Dabei stellt neben der Integration verschiedener inhaltlicher Aspekte die Art der mathematischen Modellierung die entscheidende Herausforderung dar.
Die erlösoptimale Steuerung begrenzter Kapazitäten in Netzwerkanwendungen und die damit verbundene Berücksichtigung von Netzeffekten sind ein wichtiges Feld innerhalb der wissenschaftlichen Auseinandersetzung im Revenue Management. Dabei beherrschte die neuere Literatur vielfach die Darstellung von inhaltlichen Erweiterungen wie Überbuchung oder die Betrachtung des Angebots von spezifischen und flexiblen Produkten. Gegenstand der vorliegenden Arbeit bildet die simultane Integration und Lösung beider Aspekte. Eine wesentliche Weiterentwicklung stellt die Formulierung eines klassenspezifischen Modells dar, um damit eine differenziertere Steuerung zu ermöglichen.
Eine weitere Verallgemeinerung besteht in der Zuweisung von Flugzeugtypen zu angebotenen Flügen und Aktivitäten auf dem Boden. Diese sogenannten Ground-Aktivitäten wie Organisation von Zwischenlandungen mit Aus- oder Umsteigen, Wartung, Instandhaltung, etc. sind im Rahmen einer erlös- und kostenorientierten Optimierung entsprechend zu berücksichtigen. Es wird ein Modell entwickelt, das neben Revenue Management-Überlegungen der Angebotsdifferenzierung und Überbuchungsstrategien den Gedanken einer dynamischen Flugzeugzuordnung aufgreift. Damit ist es möglich, ein sogenanntes Re-Fleeting vorzunehmen, welches bei Nachfrageschwankungen eine kurzfristige Veränderung der Flottenzuordnung vorsieht.
Grundlage für die mathematische Darstellungsweise bildet ein deterministisches, lineares Programm (DLP). Dieses in vielfachen Anwendungen des Network Revenue Managements eingesetzte Modell soll sowohl unter der Berücksichtigung der beschriebenen inhaltlichen Aspekte als auch der klassenspezifischen Betrachtung angepasst werden. Dabei stellt die einfache Lösbarkeit eine wichtige Eigenschaft dar. Es wird untersucht, wie diese Formulierungen eine Unterstützung für optimale Erlös- und Kapazitätsentscheidungen leisten können. Die vorgestellten DLP-Modelle sollen in verschiedenen, aus wissenschaftlichen und praktischen Anwendungen bekannten, Netzwerken getestet sowie deren Charakteristika verglichen werden.

1.3 Aufbau der Arbeit

Die vorliegende Arbeit ist in sieben jeweils aufeinander aufbauende Kapitel gegliedert. Abbildung 1.2 gibt dazu einen graphischen Überblick.

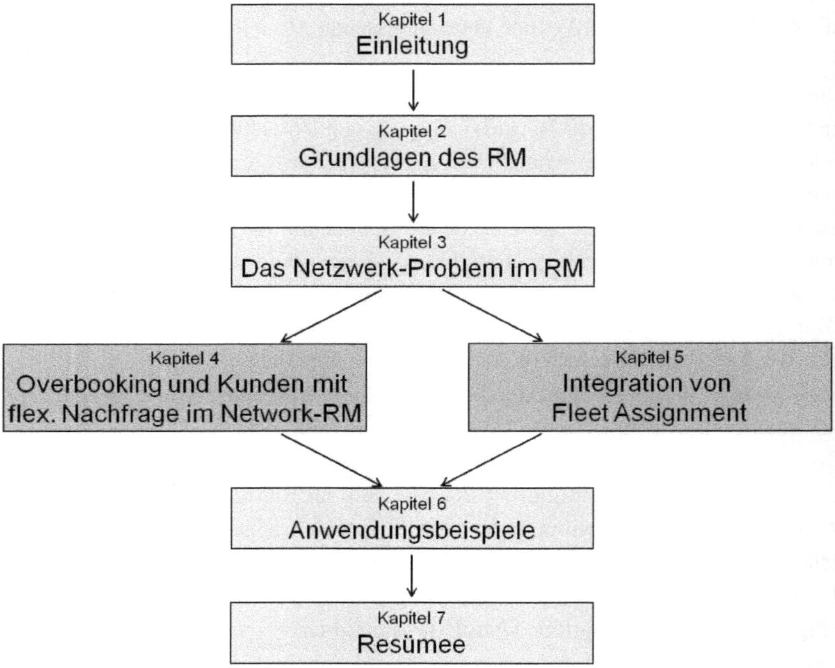

Abbildung 1.2: Aufbau der Arbeit.

In Kapitel 2 werden grundlegende Aspekte der Forschungsdisziplin Revenue Management (RM) vorgestellt. Neben Voraussetzungen für den Einsatz von Revenue Management-Systemen werden verschiedene Anwendungsfelder beschrieben. Den Schwerpunkt bildet die Vorstellung wichtiger Problembereiche. Im Einzelnen wird auf eine Kapazitätssteuerung (innerhalb einer Ressource bzw. bei Netzwerkanwendungen), Overbooking, Dynamic Pricing und die Vorhersage von Daten eingegangen.

Die Kapazitätssteuerung im Netzwerkfall als ein spezieller Problembereich ist Gegenstand der Ausführungen von Kapitel 3. Neben der Beschreibung der grundsätzlichen Aufgabenstellung werden verschiedene approximative Verfahren vorgestellt und kritisch beurteilt. Ein weiteres Thema ist die Diskussion von inhaltlichen Erweiterungen.

Diese Netzwerkanwendungen bilden den Ausgangspunkt für die weiteren Ausführungen. So werden in den beiden folgenden Kapiteln 4 und 5 neue Ansätze für eine Reihe von Verallgemeinerungen vorgestellt (in Abbildung 1.2 durch die dunkel eingefassten Kästen gekennzeichnet).

Zunächst widmet sich Kapitel 4 der Angebotsdifferenzierung in spezifische und flexible Produkte sowie der Berücksichtigung von Überbuchungsüberlegungen. Dazu wird ein eigener Ansatz, basierend auf einer Darstellung als DLP, entwickelt, um damit sowohl die gleichzeitige Optimierung beider Aspekte als auch eine klassenspezifische Betrachtung zu ermöglichen.

In Kapitel 5 erfolgt eine weitere Verallgemeinerung durch die simultane Modellierung von Revenue Management-Aspekten aus Kapitel 4 und eines Fleet Assignments. Ein Ziel dieser Formulierung besteht in einer gewinn- und kostenoptimalen Allokation von Flugzeugtypen zu Flugaktivitäten und Aktivitäten auf dem Boden.

In Kapitel 6 werden mathematische Tests durchgeführt, indem die in Kapitel 4 und 5 vorgestellten DLP-Modelle, basierend auf einer gemeinsamen Datenbasis, verglichen werden. Dabei wird insbesondere auf die Implementierung mit Software eingegangen.

Abschließend gibt Kapitel 7 eine Zusammenfassung der vorliegenden Arbeit sowie ein Resümee über die Ergebnisse der vorgestellten Modelle. Ein kurzer Ausblick soll Richtungen für weitere Forschungsfelder weisen.

Kapitel 2

Grundlagen des Revenue Managements

In diesem Kapitel sollen grundlegende Aspekte des Revenue Managements vorgestellt werden. Nach einer kurzen Einführung und Begriffsdefinition in Abschnitt 2.1 wird die Entwicklung des Revenue Managements in Abschnitt 2.2 beschrieben. Dabei werden die Entstehung als praktische und wissenschaftliche Disziplin umrissen, Anwendungsvoraussetzungen erläutert sowie Industrien, in denen Ideen und Methoden des Revenue Managements zum Einsatz kommen, vorgestellt.
Einen weiteren Schwerpunkt des Kapitels bildet die mathematische Beschreibung wichtiger Problembereiche in Abschnitt 2.3. Im Einzelnen werden elementare Verfahren für eine Kapazitätssteuerung, die dynamische Preisgestaltung sowie Überbuchungsüberlegungen vorgestellt, diskutiert und verglichen. Weiter wird auf die Problematik der Vorhersage von Daten, die für eine optimale Steuerung zugrundegelegt werden, eingegangen. Es werden dabei stets Unterschiede und Zusammenhänge zwischen den einzelnen Gebieten herausgearbeitet.

2.1 Einführung und Begriffsdefinitionen

In den letzten 30 Jahren haben sich die Angebots- und Nachfragestrukturen im Personenluftverkehr eklatant verändert. Während vor einigen Jahren Fliegen nur einer bestimmten Kundenklientel vorbehalten blieb, können es sich mittlerweile viele leisten, statt einer Bus- oder Bahnreise einen Flug anzutreten.

Ein Grund dafür ist das Aufkommen von Billigfluggesellschaften zu Beginn der 1980er Jahre, die mit sehr geringem finanziellen Aufwand Kunden transportieren konnten.
Die entscheidenden Merkmale solcher sogenannten Low Cost Carrier sind neben einfachen und günstigen Tarifstrukturen das Angebot von ausschließlich Punkt-zu-Punkt-Flügen sowie die Verwendung kleiner Flughäfen und Onlinebuchungssystemen. Im Gegensatz dazu bieten etablierte Fluggesellschaften verschiedene Tarifklassen (z.B. First, Business und Economy Class) mit unterschiedlichem Service an, verwenden komplexe Rabattsysteme mit unterschiedlichen Restriktionen und steuern oft große Flughäfen an, die das Drehkreuzkonzept ermöglichen sollen.[1] Dieser Konkurrenzkampf zwischen beiden Konzepten der Airlineindustrie war ein wichtiger Beitrag zur Verbreitung des Revenue Managements.
Für eine begriffliche Einordnung von Revenue Management bzw. Yield Management als ursprüngliche Bezeichnung werden eine Reihe von Definitionen genannt, die jedoch oft sehr allgemein gehalten sind und deshalb „viel Interpretatiosspielraum zulassen“ (Gaul (2010) [100], S. 145), wie z.B. die von Daudel/Vialle (1992) [66]: Als Yield Management bezeichnet man im Allgemeinen ein „System der Kapazitätsanpassung, das den Gesamtumsatz einer oder mehrerer Betriebseinheiten eines Dienstleistungsunternehmens maximieren soll“ oder die von Murtagh/Mitra (2002) [167]: „Simply stated, the objective of yield management is to maximize the revenue or yield with skilful use of inventory.“
Kimes (2000) [125] sieht Revenue Management kurz und prägnant als eine Methode, die einem Anbieter helfen soll, das richtige Produkt zum richtigen Kunden, zur richtigen Zeit und zum richtigen Preis anzubieten.
Den Bezug des Revenue Managements zu einer quantitativen Herangehensweise stellt der Standpunkt von Klein (2001) [132] her: „Revenue Management umfasst eine Reihe von quantitativen Methoden zur Entscheidung über Annahme oder Ablehnung unsicherer, zeitlich verteilt eintreffender Nachfrage unterschiedlicher Wertigkeit. Dabei wird das Ziel verfolgt, die in einem begrenzten Zeitraum verfügbare, unflexible Kapazität möglichst effizient zu nutzen.“ In dieser definitorischen Beschreibung stehen neben den Voraussetzungen für die Anwendung die Entwicklung mathematischer Verfahren im Vordergrund, mit denen sich die weiteren Ausführungen schwerpunktmäßig beschäftigen.

---

1 Zum Vergleich beider Geschäftsmodelle siehe Michaels/Fletcher (2009) [166].

2.2 Entwicklung des Revenue Managements

In diesem Abschnitt werden wichtige Entwicklungen des Revenue Managements vorgestellt. Im Einzelnen werden die Historie bzw. Entstehung umrissen sowie Anwendungsvoraussetzungen und Felder beschrieben, in denen Revenue Management-Systeme eingesetzt werden bzw. Potential für deren Anwendung besteht.

2.2.1 Historie des Revenue Managements

Im Gegensatz zu anderen Forschungsrichtungen ist Revenue Management in erster Linie aus einer einzigen Branche, der Luftfahrtindustrie, hervorgegangen (vgl. Doganis (2010) [70], S. 131). Der erste wichtige Aspekt war die Tatsache, dass American Airlines im Jahr 1966 das Computerreservierungssystem SABRE entwickelte, um Buchungen zentral speichern und verwalten zu können (siehe Chiang *et al.* (2007) [52]). Der eigentliche Meilenstein für die Bedeutung von Revenue Management bildete jedoch das Jahr 1978 (siehe Cross (1997) [59]): Beim sogenannten Airline Deregulation Act wurde festgelegt, den Luftverkehr in den Vereinigten Staaten innerhalb eines Zeitraumes von vier Jahren neu zu regeln: Zum einen bedeutete das den Wegfall der gesamten Restriktionen auf inländischen Strecken sowie neu angebotenen Routen bis zum 31. Dezember 1981 und zum anderen den Wegfall der gesamten Preisreglementierung bis zum 1. Januar 1983 (siehe Phillips (2005) [176], S. 121).[2]

Gründe für diese Maßnahmen waren u.a. folgende (vgl. Pompl (2006) [178], S. 398f):

- Flugpreise: Eine wettbewerbsorientierte Preisbildung führt zu einer Senkung des Tarifniveaus; dies ist eher im Interesse der Verbraucher als ein kostenintensiver Servicewettbewerb. Eine flexible, innovative Preisgestaltung ermöglicht eine Preisstruktur, welche die unterschiedlichen Ansprüche der Nachfrager befriedigt.

2 Seit 1938 wurden durch den Civil Aeronautics Act die Regeln für den inländischen Luftverkehr festgelegt. Dazu kam der Federal Aviation Act von 1958. Die dem Verkehrsministerium zugeordnete Federal Aviation Administration (FAA) war für Sicherheitsbelange zuständig (Zulassung und Kontrolle der Flughäfen, Personal, Fluggeräte und Flugnavigationseinrichtungen), während das zivile Luftfahrtsamt Civil Aeronautics Board (CAB) Preise, Routen und Flugpläne bestimmte (vgl. Pompl (2006) [178], S. 397).

- Leistungsangebot: Die Zahl der angebotenen Flüge steigt und die Beförderungskategorien werden differenzierter, wenn mehr Fluggesellschaften untereinander im Leistungswettbewerb stehen.
- Produktivität: Es kommt zu Produktivitätssteigerungen durch eine Rationalisierung und Optimierung des Streckennetzes, einen effizienteren Einsatz der Flugzeuge und einen durch die Konkurrenzsituation verursachten Kostensenkungsdruck. Insgesamt verbessert sich dadurch trotz sinkender Preise die wirtschaftliche Lage der Fluggesellschaften.
- Marktstruktur: Die Gefahr der Ausnutzung von Monopolstellungen ist nicht gegeben, da überhöhte Preise infolge des freien Marktzutritts neue Konkurrenten anlocken würden.
- Sicherheit: Der hohe Sicherheitsstandard wird nicht gefährdet, da die technischen Normen unverändert bleiben und sich keine Fluggesellschaft ein negatives Image hinsichtlich der Sicherheit leisten kann.

Als Folge traten bisher unbekannte Airlines in den Markt, wie beispielsweise PeopleExpress im Jahr 1984. Da PeopleExpress aufgrund geringen Aufwands günstige Preise anbieten konnte, war sie sehr erfolgreich, auch nachdem sie ihre Angebote auf die Routen Newark – Chicago sowie New Orleans – Los Angeles, dem Kerngeschäft von American Airlines, ausweitete. Preissensitive Kunden, denen günstige Tarife wichtiger als Service waren, sprangen von American Airlines ab und flogen mit PeopleExpress (siehe Phillips (2005) [176], S. 121).
Interessant ist, wie etablierte Gesellschaften auf die neue Marktsituation reagierten. Hätten sie den Preis niedrig gesetzt, hätten sie zwar mit PeopleExpress konkurrieren, allerdings damit keinen Gewinn erwirtschaften können. Jedoch wurde festgestellt, dass bei gewissen Flügen immer einige Sitze leer und damit ungenutzt blieben. Ziel war es, diese Kapazitäten zu einem günstigeren Tarif zu verkaufen und damit PeopleExpress zu unterbieten. Man musste nur verhindern, dass diejenigen, die den vollen Preis zahlten, nicht zu dem niedrigeren Tarif wechselten (siehe Talluri/van Ryzin (2004a) [208], S. 7).
American reagierte auf die Konkurrenz mit der Einführung von Super Saver Fares im Januar 1985. Für die Buchung waren jedoch zwei Aspekte von Bedeutung:

- Die Buchung musste zwei Wochen vor Abflug erfolgen und zwischen Hin- und Rückflug musste ein Wochenende liegen (sog. Saturday Night Stay).
- Die Plätze wurden limitiert, um noch Kapazitäten frei zu halten für Businesskunden, die innerhalb dieser zwei Wochen noch einen Platz nachfragten (siehe Phillips (2005) [176], S. 122).

American Airlines segmentierte damit den Markt in Freizeit- und Geschäftsreisende durch differenzierte Preise in Kombination mit Mengensteuerung. Dadurch konnte sie mit Niedrigpreisairlines mithalten.
Nach der Einführung dieses neuen Tarifkonzepts von American Airlines war PeopleExpress innerhalb weniger Monate bankrott und wurde im Jahr 1986 für einen Betrag von weniger als 10% des Marktwerts des Vorjahres verkauft. Grund dafür war, dass PeopleExpress Methoden der erfolgreichen Preis- und Mengensteuerung nicht für sich allein beanspruchen konnte (siehe Phillips (2005) [176], S. 122).
Damit war das Revenue Management geboren. Andere Airlines in den USA sowie in Europa und Asien führten dieselben Prinzipien ein und es begann eine rasante Entwicklung innerhalb dieser Industrie, was das Angebot und die Zusammensetzung von Preisen und Flugplänen anbetrifft.
Heutzutage gehören mathematische Anwendungen des Revenue Managements zur Grundlage von Airline-Anbietern, egal ob es sich dabei um etablierte Fluggesellschaften oder Billiganbieter handelt (siehe dazu Abschnitt 2.2.3.1).
Dem Erfolg von American Airlines folgend, führten weitere amerikanische Fluggesellschaften wie United, Delta oder Continental Revenue Management-Systeme ein und investierten Millionen in automatisierte Buchungssysteme. Als nächstes übernahmen Carrier in Europa und Asien solche Konzepte.
Aufgrund dieses Erfolges der Luftfahrtindustrie wurden solche Konzepte in vielen anderen Zweigen übernommen. Alle diese Gebiete verwenden dieselben (oder ähnliche) Reservierungssysteme wie die Airlineindustrie. Im Laufe der Jahre wurden also gewisse Parallelen der Luftverkehrsindustrie in anderen Bereichen erkannt. So wurden Methoden des Revenue Managements in Hotels oder bei Autovermietungen eingesetzt (siehe dazu Chiang *et al.* [52]). In vielen anderen Gebieten wie Reiseveranstaltungen, Personenzügen oder bei Frachtanbietern kamen ebenfalls operative oder taktische Techniken zum Einsatz.

2.2.2 Anwendungsvoraussetzungen für Revenue Management

Voraussetzungen für die Anwendung von Methoden des Revenue Managements werden sehr häufig weitgehend übereinstimmend beschrieben (siehe beispielsweise Klein (2001) [132], Cross (2001) [60], Tscheulin/Lindenmeier (2003) [214] sowie die Diskussion in Kimms/Klein (2005) [127]).
Typischerweise können folgende Anwendungsvoraussetzungen festgehalten werden:

- (weitgehend) fixe Kapazitäten,
- eine stochastische, stark schwankende sowie zeitlich verteilt eintreffende Nachfrage,
- eine mögliche Einteilung der Nachfrager in Segmente mit unterschiedlicher Zahlungsbereitschaft (heterogenes Nachfragerverhalten),
- Nichtlagerfähigkeit bzw. Verderblichkeit von angebotenen Produkten oder Dienstleistungen bei nichterfolgter Nutzung,
- Möglichkeit der Vorausbuchung bzw. Kapazitätsbereitstellung, bevor die Nachfrage bekannt ist sowie
- geringe marginale Kosten für die Leistungserstellung bei gleichzeitig hohen Kosten für die Kapazitätsbereitstellung.

Diese Anwendungsvoraussetzungen werden im Folgenden ausführlicher beschrieben:

Fixe Kapazitäten

Die erste Prämisse ist charakteristisch für die Ursprungsbranche des Revenue Managements. Bei einer Fluggesellschaft sind Kapazitäten insofern fix, da bei einem vollbesetzten Flugzeug nicht 10 oder 20 Plätze mehr angeboten werden können und somit die Kapazität nicht unmittelbar vergrößert werden kann. Unter gewissen Restriktionen ist aber eine Kapazitätsveränderung möglich. Beispielsweise werden im Flugverkehr kurzfristig unterschiedliche Flugzeuge eingesetzt oder die Bestuhlung wird verändert, zudem kann durch einen Vorhang zwischen verschiedenen Klassen die Kapazitätsaufteilung angepasst werden. Auch besteht die Möglichkeit der Änderung des Flugplans oder der Erweiterung um einen Hub (siehe Klein/Steinhardt (2008) [135], S. 13). Im Fall von Automobilvermietungen werden z.B. zu Messezeiten Fahrzeuge zwischen Standorten transportiert. In diesen Fällen muss also von „weitgehend fixen Kapazitäten“ gesprochen werden.

Stochastische, zeitlich verteilte Nachfrage

Gerade bei der Buchung eines Fluges ist die Nachfragestruktur sehr differenziert. Während Freizeitreisende meist schon Monate vorher wissen, dass sie zu einer bestimmten Zeit fliegen können, wissen Geschäftsreisende oft erst einige Tage vorher, ob sie einen bestimmten Termin haben und diesen auch wahrnehmen können. So behandelt Belobaba (1987a) [25] im Besonderen die Nachfragestruktur im Airlinebereich.
Anderson/Carroll (2007) [5] gehen dabei noch einen Schritt weiter und prägen den Begriff „Demand Management“, der neben dem optimalen Einsatz verschiedener Distributionskanäle und der Pflege bestehender Kundenbeziehungen effektive Aktionen des Revenue Managements beinhaltet, um somit nicht nur Nachfrage zu steuern, sondern gezielt zu erschaffen.

Unterschiedliche Zahlungsbereitschaften

Eng damit verknüpft ist die Voraussetzung unterschiedlicher Zahlungsbereitschaften. Während Freizeitreisende meistens nicht bereit sind, für einen Flug eine größere Summe auszugeben, sind Geschäftsreisende grundsätzlich weniger preissensitiv. Dies liegt zum einen an der Notwendigkeit der Beförderung und zum anderen daran, dass sie oft Kosten teilweise oder ganz vom Unternehmen ersetzt bekommen oder Auftraggebern in Rechnung stellen können.
Dementsprechend ist eine Aufteilung von Kunden mit unterschiedlicher Zahlungsbereitschaft notwendig. Unter einer sog. Preissegmentierung versteht man allgemein die Unterteilung der Nachfrager in verschiedene Gruppen. Dabei werden den unterschiedlichen Segmenten Produkte angeboten, die in ihrer Kernleistung identisch sind. Die Unterteilung zwischen Preis- und Produktdifferenzierung ist dabei eher fließend. Beispielsweise ist ein Flug von Flughafen FH1 nach FH2 in der First, Business oder Economy Class weniger eine Preis- sondern eher eine Produktdifferenzierung, da das Produkt, der Flug, in verschiedenen Klassen durch unterschiedlichen Service, Beinfreiheit, Platz oder Zugang zu bestimmten Lounges am Flughafen nicht derselbe ist. Eine Preisdifferenzierung stellt allerdings der Verkauf eines Platzes in derselben Klasse mit bestimmten Restriktionen, wie dem Buchungszeitpunkt, dar.

Konzeptionell kann die Preisdifferenzierung wie folgt eingeteilt werden (vgl. Klein/Steinhardt (2008) [135], S. 43f):

- Eine Preisdifferenzierung ersten Grades (perfekte Preisdifferenzierung) liegt vor, wenn vom jeweiligen Nachfrager der beste individuell mögliche Preis anhand seiner persönlichen maximalen Zahlungsbereitschaft verlangt wird. Dabei erhält der Anbieter den maximal erzielbaren Erlös. Dies ist allerdings in der Praxis kaum zu realisieren. Ein Beispiel könnte allerdings der Verkauf über Auktionen darstellen, bei der das Produkt dem Meistbietenden verkauft wird.
- Eine Preisdifferenzierung zweiten Grades ist dadurch charakterisiert, dass Nachfrager zu Segmenten zusammengefasst werden und von den Segmenten jeweils ein Preis gefordert wird. Dabei können Kunden im Rahmen der Selbstselektion die jeweilige Segmentzugehörigkeit eigenständig festlegen, z.B. im Airlinebereich durch den Zeitpunkt der Buchung.
- Die dritte Möglichkeit kann durch den Anbieter anhand einer Einteilung durch sozio-ökonomische Merkmale wie Geschlecht, Alter, Beruf oder Familienzugehörigkeit stattfinden. Beispiele sind bestimmte Rabatte für Kinder, Senioren oder Rentner. Der wesentliche Unterschied zur Preisdifferenzierung zweiten Grades ist, dass der Nachfrager nicht ohne Weiteres das Segment wechseln kann. Natürlich könnte sich z.B. jemand, ohne studieren zu wollen, als Student an einer Hochschule einschreiben, um Rabatte zu erhalten, allerdings wäre dies mit weiterem Aufwand verbunden.

Bezüglich der Implementationsform lassen sich wieder zwei grundlegende Einteilungen festhalten:

1. Eine mengenorientierte Preisdifferenzierung liegt vor, wenn der durchschnittlich je Produkteinheit zu zahlende Betrag von der Menge der erworbenen Leistung abhängt (nichtlineare Preisbildung). Beispiele sind ein gewährter Mengenrabatt beim Kauf einer größeren Menge.
2. Eine segmentorientierte Preisdifferenzierung basiert auf der Unterteilung der Nachfrager in Segmente und der getrennten Bepreisung der Segmente. Mögliche Formen sind die räumliche, zeitliche, personen- und leistungsbezogene Preisdifferenzierung.

Zu beachten ist dabei, dass es sich bei zeitlicher, personen- und leistungsbezogener Segmentierung um eine Differenzierung dritten Grades handelt, da sich der Konsument nicht selbst in Form einer Selbstselektion entscheiden kann, zu welchem Segment er zugehörig ist, während ein Nachfrager durch die Wahl der verschiedenen Ausführungen eines Produktes durchaus selbst eine segmentspezifische Zuordnung festlegen kann.

Stets zu beachten ist, dass die Segmentierung so vorgenommen wird, dass der Wechsel zwischen den Klassen nicht oder nur unter bestimmten Bedingungen möglich ist. Demnach müssen entsprechende Fences oder Barrieren eingerichtet werden, die einen Wechsel des Segmentes erschweren. Ein Beispiel aus dem Airlinebereich ist die Buchung eines billigen Fluges mit der Restriktion einer entsprechenden Vorausbuchung, einer eingeschränkten Möglichkeit der Stornierung oder der Tatsache, dass zwischen Hin- und Rückflug ein Wochenende oder mindestens vier Tage liegen müssen. Dadurch können zahlungskräftige Geschäftskunden abgeschreckt und gezwungen werden, den für sie vorgesehenen Preis zu zahlen.

Verderblichkeit der Produkte oder Dienstleistungen

Ein weiterer Aspekt ist die Wertlosigkeit bzw. Verderblichkeit des Angebots nach einer bestimmten Zeit (siehe Weatherford/Bodily (1992) [223]). Ein Beispiel aus dem Airlinebereich stellen Sitzplatzkapazitäten dar, die lediglich innerhalb eines Buchungszeitraumes verkauft werden können und nach Abflug keinerlei Wert mehr darstellen. Ein ähnlicher Fall ist der Verkauf von Saisonartikeln, die entweder wertlos sind oder nur zu einem dementsprechend niedrigeren Preis in bestimmten Outlet-Stores angeboten werden können. Dieser Aspekt charakterisiert im Besonderen eine Steuerung mittels Dynamic Pricing als Problembereich des Revenue Managments (vgl. Abschnitt 2.3.5).

Kapazitätsbereitstellung, bevor die Nachfrage bekannt ist

Kapazitäten müssen oft vor der eigentlichen Inanspruchnahme vorgehalten werden. Im Airlinebereich ist es zwar nicht völlig undenkbar, dass kurzfristig ein weiterer Flieger zur Verfügung gestellt werden kann, jedoch ist dies nur unter erheblichem Aufwand möglich. Siehe dazu die Ausführungen in Kapitel 5. Im Einzelhandel muss oft die Menge und Art des Gutes schon lange vor dem Verkaufsstart bestellt bzw. hergestellt werden, ohne vorher die Nachfrage zu kennen. Eine Neubestellung innerhalb der Saison ist meist sehr kostenaufwändig.

Geringe marginale Kosten bei gleichzeitig hohen Kosten für die Kapazitätsbereitstellung

In vielen relevanten Branchen des Revenue Managements ist die Bereitstellung der zur Leistungserstellung notwendigen Kapazität mit hohen Fixkosten verbunden. Dazu zählt bei Fluggesellschaften die Unterhaltung der Flotte bzw. bei etablierten Anbietern auch der Hubs im Falle einer Steuerung innerhalb eines Flugnetzes (siehe dazu Kapitel 3). Diesen hohen Fixkosten stehen vergleichsweise niedrige Grenzkosten gegenüber, die bei Absatz einer weiteren Leistungseinheit, eines Sitzplatzes in einem Flieger, und der daraus resultierenden Inanspruchnahme der ohnehin vorhandenen Kapazitäten entstehen. Diese umfassen bei der Beförderung eines Passagiers z.B. die Abfertigungsgebühren oder den Service an Bord (siehe Klein/Steinhardt (2008) [135], S. 14).

Neben diesen genannten Bedingungen gibt es ein Reihe weiterer Beschreibungsmöglichkeiten der Voraussetzungen für Revenue Management.
Eine weitere Prämisse ist die Standardisierung des Leistungsprogramms, wenn also entweder die Ergebnisse des Erstellungsprozesses oder Bestandteile des Prozesses an sich vereinheitlicht sind (vgl. Corsten/Gössinger (2007) [57], Kap. 6.4.1). Im Falle einer Fluggesellschaft sind die Standardisierung im Transport zwischen zwei Orten und die immer gleichen Prozesse im grundsätzlich festgelegten Ablauf einer Buchung (z.B. Ticketerstellung, Check-in, Flug, Check-out) zu nennen.
Hervorzuheben ist weiter die Unterscheidung in einen internen und externen Faktor. Diese Konzeption beruht auf der Annahme, neben internen Produktionsfaktoren den Nachfrager (Nachfrager selbst bzw. eines seiner Verfügungsobjekte) als externen Faktor in den Leistungsprozess miteinzubeziehen (siehe dazu Kimms/Klein (2005) [127] sowie Klein (2005) [133]).
Problematisch bei dieser Auflistung ist die Tatsache, dass nicht zwischen verschiedenen Industriezweigen unterschieden wird. So ist die Notwendigkeit der Erfüllung der eben beschriebenen Voraussetzungen nicht in allen Zweigen des Revenue Managements gegeben. Die Besonderheiten der einzelnen Anwendungsfelder des Revenue Managements sind Gegenstand der Ausführungen im folgenden Abschnitt 2.2.3.

2.2.3 Wichtige Anwendungsfelder des Revenue Managements

Wie in Abschnitt 2.2.1 erwähnt hat Revenue Management seinen Ursprung in der zivilen Luftfahrt. Im Laufe der Verbreitung als angewandte und wissenschaftliche Disziplin haben sich jedoch auch andere Industrien zu Anwendungsbereichen entwickelt (vgl. Desiraju/Shugan (1999) [68]). Tabelle 2.1 gibt eine Gegenüberstellung von traditionellen und nicht traditionellen Anwendungsfeldern. Die wichtigsten sollen in den folgenden Ausführungen angesprochen werden, wobei der Fokus auf der Darstellung jeweiliger Charakteristika sowie dem Bezug zu den in Abschnitt 2.2.2 beschriebenen Voraussetzungen liegt.

Traditionelle Anwendungen, z.B.	Nicht traditionelle Anwendungen, z.B.
Airline (Zivile Luftfahrt und Luftfracht)	Schienenverkehr (Personen- und Gütertransport)
Hotels	Hospitality (Restaurants, Gesundheitswesen, Konferenzen)
Autovermietung	Veranstaltungen (Sportevents, Casinos, Theater, Konzerte)
	Retailing (Saisonartikel, Lebensmittel)
	Fernsehen und Rundfunk
	Fertigung

Tabelle 2.1: Anwendungsfelder des Revenue Managements.

2.2.3.1 Luftfahrtindustrie

Innerhalb der Luftfahrtindustrie kann grundsätzlich unterschieden werden zwischen Personenbeförderung (Passage), reinem Frachttransport (Cargo) oder einer Kombination beider Möglichkeiten, die darin besteht, dass im Gepäckraum von Passagiermaschinen freier Platz für sonstiges Frachtgut zur Verfügung gestellt wird.

Zivile Luftfahrt

Ein grundsätzlicher Gesichtspunkt der zivilen Luftfahrt ist die Unterteilung in Freizeit- und Geschäftsreisende, die jeweils ein spezifisches Buchungsverhalten aufweisen (vgl. Yeoman *et al.* (2001) [229]). So haben sich flexible Angebote bzw. die Ausgestaltung des Angebots zur Ansprache weiterer Kundensegmente in den letzten Jahren in Forschung und Praxis ausgeweitet.

Eng damit verbunden ist die Entstehung und Verbreitung von Low Cost Airlines. Während bei diesen Anbietern häufig eine Steuerung über Preise (unterschiedliche Tarife zu unterschiedlichen Zeiten) erfolgt, überwiegt bei großen Fluggesellschaften eine Kapazitätssteuerung, also die Vergabe einer Anzahl von Plätzen für unterschiedliche Buchungsklassen. Unterschiede ergeben sich weiter bezüglich der Optimierung nur einer Ressource wie bei den meisten Low Cost Providern, also eines Punkt-zu-Punkt-Fluges, im Gegensatz zur Steuerung von Flügen als Teil eines ganzen Flugnetzes. Dieses letztgenannte Prinzip wird seit mehreren Jahrzehnten von den meisten größeren Fluggesellschaften angewendet aber auch immer mehr von Low Cost Airlines, die allerdings als Hubs nicht große Flughäfen, sondern kleinere Airports, die zudem meist etwas außerhalb von Metropolen liegen, betreiben.

Neben individuellen Kunden zählen Urlaubsgroßhändler wie Kreuzfahrtlinien oder Touranbieter zu weiteren Nachfragern. Diese kaufen ganze Blöcke von Sitzplätzen auf, um kombinierte Produkte aus Flug, Unterkunft, etc. anzubieten (siehe Talluri/van Ryzin (2004a) [208], S. 517).

Ein weiterer charakteristischer Punkt ist der Vertrieb über verschiedene Kanäle wie Reiseagenturen, Internetverkauf (eigene Webseiten oder Reisewebseiten im Internet) bzw. diverse (Online-) Großhändler. Von Bedeutung sind ferner strategische Allianzen, also Kooperationen von Luftfahrtunternehmen, die auf den Verbundeffekt von Marktteilnehmern bzw. Konkurrenten zielen. Bestandteile dieser Zusammenarbeit sind die Abstimmung der Buchungssysteme, gemeinsame Vielfliegerprogramme sowie Aspekte wie Interlining (Umsteigen von Passagieren zwischen Flügen beteiligter Partnerairlines) oder Codesharing (gemeinsame Durchführung eines Fluges der Partnerairlines unter mehreren Flugnummern) (vgl. Boyd (1998) [38]).

Die Verteilung der Flugzeugflotte auf gewisse Airports wird ebenfalls in einigen Arbeiten behandelt. Daher kann die Annahme von (nahezu) fixen Kapazitäten etwas abgeschwächt werden. Allerdings ist dieser Einsatz doch eher lang- bis mittelfristig zu bewerkstelligen und die Verlagerung der Flotte innerhalb von wenigen Stunden unmöglich bzw. mit enormen Zusatzkosten verbunden (vgl. Pompl (2006) [178] sowie Michaels/Fletcher (2009) [166]).

Luftfracht

Aufgrund der zu berücksichtigenden kapazitätsmäßigen Dimensionen Gewicht und Volumen erweisen sich Revenue Management-Anwendungen im Air Cargo-Bereich als sehr komplex im Vergleich zur Passage (Transport von Passagieren) (vgl. Becker/Dill (2007) [21]). Dies hat zur Folge, dass bei kombiniertem Transport sowohl das Gewicht von Personen als auch das der Fracht berücksichtigt werden muss und damit eine simultane Steuerung notwendig ist (vgl. Talluri/van Ryzin (2004a) [208], S. 563f).

Einige Besonderheiten sind zu beachten:

- Die zu transportierenden Güter unterscheiden sich im Volumen und Gewicht erheblich. Demgegenüber können bei der Passage immer nur ganzzahlige Mengen nachgefragt werden.
- Die Anzahl potentieller Kunden ist erheblich geringer als die in der Passage. Die wenigen Kunden besitzen meist Verträge mit Fluggesellschaften, durch die sie eine gewisse Kapazitätsmenge erwerben.
- Vom Nachfrager werden häufig nur Start- und Zielort sowie ein gewisses Zeitfenster festgelegt. Wie der Transport (auch in Teilmengen) genau aussieht, legt die Airline innerhalb dieser Restriktionen selbst fest.
- Weitere Restriktionen ergeben sich bei Sonderfracht in Bezug auf die Verladbarkeitsprüfung oder Zusammenladbarkeit.

Arbeiten, die sich insbesondere mit Optimierungsmethoden im Air Cargo-Bereich beschäftigen, sind Bartodziej/Derigs (2004) [18], Bartodziej *et al.* (2007) [19], Freeland (2007) [91] sowie Becker/Wald (2008) [22].

2.2.3.2 Hotelindustrie

Die Hotelindustrie weist einige Parallelen zur Flugzeugindustrie auf. So muss ebenso von knappen Kapazitäten in Form einer limitierten Anzahl an Hotelzimmern, die ohne Übernachtungsgast wertlos sind, ausgegangen werden. Kunden weisen unterschiedliche Zahlungsbereitschaften auf und die Anzahl der Betten kann kurzfristig nicht verändert werden. Im Hotelbereich entsteht auch ein Netzwerkproblem in dem Sinne, dass Kunden Zimmer in unterschiedlichem Umfang nutzen. So ist es eventuell sinnvoller, einen Gast abzulehnen, der zwar ein Luxuszimmer für eine Nacht buchen möchte, in der Hoffnung auf einen Gast, der ein ganzes Wochenende bleibt. Dieser Umstand wird als sog. Length of Stay-Problem bezeichnet.

Es sind jedoch auch in der Hotelbranche einige Besonderheiten zu erkennen (vgl. Klein/Steinhardt (2008) [135], S. 32f):

- Nur ein Teil der Zimmer wird durch Vorausbuchung verkauft. So kommen einige Gäste im Hotel an, ohne vorher reserviert zu haben.
- Es gibt Kooperationsverträge zwischen Hotels und großen Industrieunternehmen, die Mitarbeitern günstige Übernachtungen sichern.
- Hotels bieten neben Zimmern auch einige Zusatzleistungen wie Wellnessangebote oder Tagungsmöglichkeiten an, die ebenso Berücksichtigung finden sollen.
- Hotels nehmen zudem häufig eine alternative Nutzung von Ressourcen vor, d.h., dass Zimmer entweder als Einzel- oder Doppelzimmer angeboten werden können und eventuell auch mit einem Beistellbett als Dreibettzimmer.

Speziell mit der Optimierung im Hotelbereich befassen sich die Arbeiten von Vinod (2004) [218] und Lai/Ng (2005) [144]. Zur Vorhersage verschiedener Größen im Hotel-Revenue Management siehe Chen/Kachani (2007) [51].

2.2.3.3 Autovermietungen

Im Falle von Autovermietungen gibt es Kunden mit sehr unterschiedlicher Zahlungsbereitschaft und die Autoflotte muss vor der Kenntnis der Nachfrage bereitgestellt werden. Eine kurzfristige Änderung der Ressourcen ist mit Schwierigkeiten verbunden. Allerdings ist die Bereitstellung der Flotte insofern flexibler, da zu gewissen Nachfrage-Hochzeiten (z.B. bei Messen, Kongressen, etc.) Fahrzeuge zu unterschiedlichen Standorten transportiert und dort eingesetzt werden können. Wieder gibt es auch hier ein Netzwerkproblem, da Kunden Fahrzeuge mehrere Tage oder Wochen mieten können und damit die Wertigkeit der Nachfrage sehr unterschiedlich sein kann.
Einige Besonderheiten sind auch bei Autovermietungen zu beachten:

- Die Flexibilität hinsichtlich Änderungsmöglichkeiten von Ressourcen ist im Vergleich zu Airlines höher, da Fahrzeuge zwischen einzelnen Standorten leichter als Flugzeuge verschoben werden können.
- Die Kapazität ist häufig unsicher, da Fahrzeuge verspätet oder an anderen Standorten zurückgegeben werden können.

- Es werden häufig Upgrades durchgeführt, um nicht Kunden an Konkurrenten zu verlieren, wenn die Nachfrage nach höherwertigen Fahrzeugen geringer ausfällt.
- Auch in diesem Bereich gibt es zum einen Vertragskunden und zum anderen Walk-Ins, also Kunden, die einen angebotsabhängigen Preis erhalten.

Zu Verfahren, welche die besonderen Merkmale von Autovermietungen berücksichtigen, sind u.a. die Arbeiten von Carroll/Grimes (1995) [49], Geraghty/Johnson (1997) [102], Anderson/Blair (2004) [4] und Savin *et al.* (2005) [186] zu nennen.

2.2.3.4 Einzelhandel

Ähnlich den Plätzen im Flugzeug handelt es sich bei vielen Gütern, die über den Einzelhandel vertrieben werden, um verderbliche Produkte oder solche mit Verfallsdatum, wie beispielsweise Kleidung, Nahrungsmittel, technische Geräte oder Automobile (vgl. Coulter (1999) [58]). Charakteristisch für diese Industrie sind rasch verfallende Preise, da ständig technische Neuerungen auf den Markt kommen. Angesichts schnell aus dem Trend kommender Ware ist eine aktive Steuerung der Nachfrage notwendig. Im Gegensatz zur Airline- und Hotelbranche setzt man hier vor allem preisbasierte Kontrollmechanismen ein, um Waren zu vertreiben („price-based control“ (Talluri/van Ryzin (2004a) [208], S. 176)). Mögliche Verkaufsstrategien sind Rabatte, Preisnachlässe („Markdown“), Preiserhöhung oder verkaufsfördernde Maßnahmen („Promotion“). Bei der Vertriebsform sind Onlineverkauf oder der Verkauf auf traditionelle Weise im Laden oder per Katalog denkbar (siehe Talluri/van Ryzin (2004a) [208]).
Ein bekanntes Beispiel sind Textilien. Da deren Herstellungsprozess zumeist sehr lange dauert, so dass eine Wiederbestellung während der Verkaufssaison nicht möglich ist, werden die Güter schon weit vor dem Verkaufsstart bestellt. In diesem Zusammenhang spielt die Nachfragevorhersage eine wichtige Rolle. Jedoch ist dies zumeist schwierig, da es sich um Modeartikel handelt. Für diesen Produkttyp gibt es kaum vergangenheitsorientierte Daten im Zusammenhang mit dem Konsumverhalten der Kunden, deren Prognose aufgrund fehlender Daten schwierig ist. In der Literatur sind Vorhersagen bekannt, die auf der „Regel von Bayes“ beruhen (siehe Gaul/Azizi (2010) [101]): Durch den rasanten Fortschritt in den Informationstechnologien können Daten vorsaisonaler Produkte effizient übermittelt und ausgewertet werden. Die gewonnenen Informationen können genutzt werden, um die hohe Nachfrageunsicherheit des saisonalen Produktes

zu reduzieren – der Verkäufer lernt aus dem Kundenverhalten und aktualisiert seine Nachfrageprognose mit dem „Ansatz von Bayes“ (siehe dazu die Arbeiten von Aviv/Pazgal (2005) [6] sowie Gaul/Azizi (2010) [101]).

In den letzten Jahren haben sich effiziente Techniken im Lieferantenmanagement entwickelt, die es mittlerweile ermöglichen, auch innerhalb der Verkaufssaison gutlaufende Artikel wiederzubeschaffen. Durch die Weiterentwicklung der Kommunikations- und Informationstechnologie gewannen Konzepte wie Just-in-Time (bedarfssynchrone Bestellung), Just-in-Sequence (bedarfssynchrone Bestellung der richtigen Artikelreihenfolge), Vendor-Managed Inventory (Bestellmengensteuerung durch den entsprechenden Zulieferer) und Quick Response (Reaktion auf sich rasch ändernde Nachfragedaten) stark an Bedeutung. Diese Konzepte tragen dazu bei, dass Liefer- und Durchlaufzeiten erheblich gekürzt und Lagerhaltungskosten gesenkt werden. Die Güter können zu bestimmten Kosten wiederbestellt werden. Ferner können die nicht verkauften Güter zu einem bestimmten Restwert an einen Restpostenladen verkauft werden. Diese Konzepte, kombiniert mit Demand Learning-Techniken, befähigen den Verkäufer, flexibel und kundennah zu reagieren und das richtige Produkt zum richtigen Preis zum richtigen Zeitpunkt zu verkaufen (siehe Caro/Gallien (2007) [48]).

Der Vorteil, den man sich von der Wiederbeschaffung in der aktuellen Periode verspricht, ist mit einem geringeren Risiko verbunden als der Nachteil, am Ende der Saison einen hohen Restbestand zu haben, der zu einem niedrigeren Preis verkauft werden muss. Verknüpft damit ist ein Entgegenwirken gegen die „Wait for Sale“-Mentalität von Kunden, die sich in den letzten Jahren verbreitet hat. Die Wahrscheinlichkeit, dass viel Restbestand am Ende der Saison überbleibt, wird durch die niedrigeren Bestellmengen reduziert, strategische Kunden werden dadurch gezwungen sein, die gewünschten Artikel im „regulären“ Verkauf zu erwerben.

Revenue Management wird hier vorwiegend eingesetzt, um Preisreduzierungen effizient zu nutzen, um damit den Erlös zu maximieren. Gelöst werden insbesondere Fragestellungen, die den Zeitpunkt der Preisreduzierung und dessen Ausmaß betreffen. Ferner sind Vorhersagen, Lagerbestand-Analysen, Bestellmengenverteilungen und Wiederbestellungsempfehlungen Kernpunkte des Retail Revenue Managements von saisonalen Gütern (siehe Talluri/van Ryzin (2004a) [208], S. 536).

2.2.3.5 Weitere Anwendungsfelder

Neben diesen beschriebenen Anwendungsgebieten gibt es eine Reihe weiterer Industriezweige, in denen Revenue Management-Techniken eingesetzt werden (vgl. Talluri/van Ryzin (2004a) [208], S. 515-577).

So geht es im Gebiet Media um die Vergabe von Werbeslots (vgl. Mangàni (2006) [159] und Kimms/Müller-Bungart (2007b) [129]). Der optimalen Sitz- und Tischsteuerung in Restaurants widmen sich die Arbeiten von Kimes *et al.* (1998) [123], Kimes (1999) [124], Bertsimas/Shioda (2003) [35], Susskind *et al.* (2004) [202] und Kimes (2005) [126]. Anwendungen im Eisenbahnverkehr behandeln Strasser (1996) [199], Hood (2000) [112], Kraft et al. (2000) [137] und Sibdari et al. (2008) [192]. Ein weiterer Bereich bezieht sich auf die Industriegüterproduktion, bei der über die Annahme oder Ablehnung von Anfragen zu entscheiden ist (vgl. Caldentey (2002) [47], Swann (2004) [203] und Spengler *et al.* (2007) [198]).

Mit Gas- und Elektrizitätsanbietern, Anbietern von (Urlaubs-)Touren, Casinos sowie Theater- und Sportveranstaltungen nennen Chiang *et al.* (2007) [52] weitere Geschäftsbereiche mit Bezügen zum Revenue Management.

2.3 Problembereiche des Revenue Managements

Im nächsten Teil des Kapitels sollen verschiedene Problembereiche innerhalb des Revenue Managements vorgestellt werden. Nach der jeweiligen Problembeschreibung werden aus der Literatur bekannte Ansätze präsentiert sowie denkbare Erweiterungen diskutiert.

2.3.1 Problembereiche im Überblick

Problembereiche im Revenue Management lassen sich grundsätzlich einteilen in eine Mengen- bzw. Preissteuerung, die Talluri/van Ryzin (2004a) [208], S. 20f, als „quantity-based" bzw. „price-based" Revenue Management bezeichnen. Während bei einer Mengen- oder Kapazitätssteuerung in erster Linie Kapazitätseinheiten für verschiedene Nachfragesegmente bereitgestellt werden (vgl. Belobaba (1987b) [26]), geht es bei der Preissteuerung um die Veränderung des Angebotspreises über den Zeitverlauf (vgl. Elmaghraby/Keskinocak (2003) [78]).

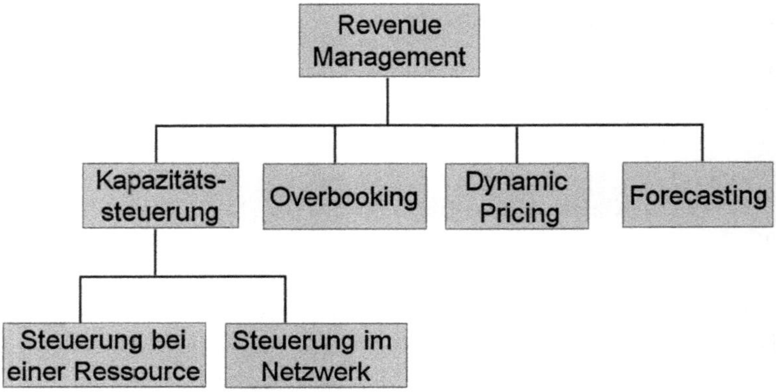

Abbildung 2.1: Problembereiche des Revenue Managements im Überblick.

Abbildung 2.1 zeigt eine anders eingeteilte Darstellung der Problembereiche im Revenue Management im Überblick. Überbuchungsüberlegungen und die Notwendigkeit der Vorhersage von Daten bilden neben einer reinen Mengen- bzw. Preissteuerung weitere Gebiete.

Ein Problem bildet die Kapazitätssteuerung, eingeteilt in den Fall der Steuerung bei einer Ressource sowie der Optimierung in einem gesamten Netzwerk, das aus mehreren Ressourcen besteht (vgl. Boyd/Bilegan (2003) [39] sowie Klein (2005) [133]).

Ein zweiter Bereich stellt das sogenannte Überbuchen (im Englischen Overbooking) dar, also den Verkauf einer Anzahl von Kapazitätseinheiten, die über die physische Verfügbarkeit einer oder mehrerer Ressourcen hinausgeht. Ein Beispiel ist das Überbuchen im Airlinebereich, um ungenutzte Kapazitäten zu vermeiden, die angesichts von Stornierungen in der Buchungsperiode oder dem Nichterscheinen von Kunden zum Abflug (sog. No-Shows) auftreten können.

Ein drittes Problem beschäftigt sich mit Dynamic Pricing, d.h., dass die Steuerung nicht über die Kapazität erfolgt, sondern dass der Preis über den Zeitverlauf geändert wird.

Ein weiteres Problem ist die Vorhersage verschiedener Daten, die zur Steuerung verwendet werden, wie die Nachfrage für verschiedene Produkte oder die Wahrscheinlichkeiten von Stornierungen und das Auftreten von No-Shows (vgl. Gorin *et al.* (2006) [106]).

Eine übersichtsartige Darlegung sämtlicher Bereiche geben die Arbeiten von Weatherford/Bodily (1992) [223], McGill/van Ryzin (1999) [162], Clarke/Smith (2004) [55] sowie Chiang *et al.* (2007) [52]. Spezielle Aspekte werden in weiteren Überblicksarbeiten beleuchtet. Während bei Belobaba (1987b) [26] in erster Linie eine Kapazitätssteuerung behandelt wird, geben die Arbeiten von Bitran/Caldentey (2003) [37] und Elmaghraby/Keskinocak (2003) [78] einen Überblick über Methoden des Dynamic Pricing. Ferner werden mathematische Methoden, die bei der Optimierung im Airlinebereich eingesetzt werden, von Pak/Piersma (2002) [171] und Dunleavy/Phillips (2009) [75] im Überblick dargestellt. Eine Übersicht über Modellierungen, die von abhängiger Nachfrage als Grundlage ausgehen, gibt die Arbeit von Weatherford/Ratliff (2010) [224].

2.3.2 Grundlegende Notationen

Zur mathematischen Beschreibung der Problembereiche werden einige Notationen benötigt. Diese werden im Laufe der Ausführungen weiter ergänzt.
Mit $|M|$ als Bezeichnung für die Kardinalität einer Menge M bezeichnet $I = \{1, \ldots, |I|\}$ eine Menge angebotener (Tarif-)Produkte. Jedes Produkt $i \in I$ liefert beim Verkauf einen bestimmten Revenue r_i. Bei einer dynamischen Modellierung wird ein Verkaufs- bzw. Buchungshorizont mit T diskreten Zeitpunkten bzw. damit einhergehenden Zeitperioden zugrundegelegt. Es entstehen zeitabhängige Revenues r_t bzw. r_{it} beim Verkauf eines einzelnen Produkts bzw. mehrerer Produkte $i \in I$ für alle diskreten Zeitpunkte bzw. Perioden $t \in T$. Entsprechend bezeichnet $q_t\left(r_t\right)$ die Absatzmenge, abhängig vom Revenue r_t zu einem bestimmten Zeitpunkt bzw. in der entsprechenden Periode t. Die (stochastische) Nachfrage für Produkt i wird mit D_i, deren Erwartungswert mit $\overline{D}_i$ bezeichnet. Zunächst wird eine einzelne Ressource, bestehend aus c Kapazitätseinheiten, betrachtet. Die Wahrscheinlichkeit für das Eintreffen eines Ereignisses E wird mit $P\left(E\right)$ bezeichnet.
Ein Buchungslimit BL_i steht für die maximale Anzahl von Einheiten eines Produktes i, die man unter den zugrundeliegenden Nebenbedingungen verkaufen will. Während Q^* ein gegenüber einem niedrigpreisigen Produkt geschütztes Kontingent für das höherwertige Produkt im Falle einer aus zwei Angeboten bestehenden Produktmenge bezeichnet, gibt Q_v^{i*} das geschützte Kontingent von Produkt i gegenüber einem preislich niedrigeren Produkt v in einer aus mehr als zwei Angeboten bestehenden Produktmenge an. Schließlich gibt NP_i die Anzahl der vor der Konkurrenz durch niederwertigere Tarifprodukte geschützten Kapazitätseinheiten für ein Produkt i an.

2.3.3 Kapazitätssteuerung

Im Rahmen einer Kapazitätssteuerung lassen sich die grundsätzlichen Steuerungsarten Buchungslimits (engl. Booking Limits), geschützte Kontingente (engl. Protection Levels) und Schwellenwerte (engl. Bid Prices) voneinander abgrenzen (vgl. Talluri/van Ryzin (2004a) [208], S. 28-32).
Buchungslimits sollen den Verkauf von Kontingenten für einzelne (Tarif-) Produkte einschränken. Ein Buchungslimit von 30 Plätzen für niederwertige Produkte bedeutet, dass von diesen maximal 30 Einheiten verkauft werden. Damit soll vermieden werden, dass durch den Verkauf von zu viel Plätzen für niedrigpreisige Produkte nicht mehr genügend Kapazität zur Annahme von Anfragen für höherwertige Produkte vorhanden ist. Buchungslimits können dabei disjunkt (engl. partitioned) oder geschachtelt (engl. nested) sein. Bei disjunkten Buchungslimits wird dem jeweiligen Produkt eine feste Kapazität zugeordnet, während bei geschachtelten Buchungslimits höherwertige Produkte auch die für niederwertige Produkte vorgesehene Kapazität nutzen können.
Im Gegensatz dazu geben geschützte Kontingente (engl. Protection Levels) an, wieviel Kapazitätseinheiten vor der Nachfrage aus einer oder mehreren geringwertigeren Klassen geschützt werden. Auch geschützte Kontingente können geschachtelt oder disjunkt sein. Ein disjunktes geschütztes Kontingent ist dabei equivalent zu einem disjunkten Buchungslimit. Dabei kann zwischen Standard und Theft Nesting unterschieden werden. Bei Standard Nesting wird das jeweilige geschützte Kontingent bei Annahme einer Anfrage für die jeweilige Klasse um eine Einheit heruntergezählt. Bei einem Theft Nesting wird hingegen die Kapazität von allen niedrigwertigeren Klassen um eine Einheit verringert.
Die dritte Möglichkeit besteht aus einer Steuerung mittels Bid Prices. Ein Bid Price ist ein Schwellenwert für jede Ressource, der von der Nachfrage nach Produkten in der entsprechenden Ressource, der verbleibenden Zeit in der Buchungsperiode und der Anzahl noch zur Verfügung stehender Kapazitätseinheiten innerhalb der Ressource abhängt. Eine Anfrage wird angenommen, wenn der dadurch erzielbare Revenue den Schwellenwert übersteigt, und abgelehnt, wenn der Revenue kleiner als dieser Bid Price ist.
Bid Prices stellen im Vergleich zu Buchungslimits und geschützten Kontingenten eine sehr einfache Steuerung dar, da für jede Ressource nur ein einziger Wert gespeichert werden muss. Allerdings müssen Bid Prices für eine effektive Steuerung regelmäßig aktualisiert werden. Damit muss eine Menge von Bid Prices, abhängig von der noch verfügbaren Ressourcenkapazität oder der verbleibenden Buchungszeit, gespeichert werden.

2.3.3.1 Betrachtung einer Ressource – EMSR-Verfahren

Im Folgenden soll eine einfache, grundlegende, heuristische Methode für eine Kapazitätssteuerung innerhalb eines Fluges vorgestellt werden.
Bei diesem sogenannten EMSR-Verfahren (Expected Marginal Seat Revenue) werden Kontingente für einzelne Tarifprodukte, die gegenüber der Nachfrage für andere Produkte geschützt sind, bestimmt (vgl. Belobaba (1989) [27]).
Ziel des EMSR-Verfahrens für zwei Tarifklassen ist die Bestimmung eines gewinnmaximalen Kontingents Q^* für Sitzplätze im Normaltarif r_1, falls in einem Flug mit c verfügbaren Sitzen auch ein reduzierter Tarif r_2 angeboten wird (d.h., $r_1 > r_2$) und die Nachfrage für Sitze im Normaltarif D_1 stochastisch ist.

Regel von Littlewood

Eine optimale Steuerung ist mit der Regel von Littlewood möglich, bei der die Betrachtung von Opportunitätskosten, im Sinne von entgangenem Nutzen, eine wesentliche Rolle spielt (vgl. Littlewood (1972) [152]).
Zur Ableitung einer Entscheidungsregel können zwei Szenarien unterschieden werden (vgl. Gaul (2010) [100], S. 152):

- Falls zu viele Plätze für den Normaltarif kontingentiert werden ($D_1 < Q^*$), bleiben $Q^* - D_1$ Plätze nicht belegt und verursachen Opportunitätskosten von r_2 GE pro Sitzplatz.
- Werden zu wenige Plätze für den Normaltarif kontingentiert ($D_1 > Q^*$), so entstehen Opportunitätskosten von $r_1 - r_2$ GE für jeden der $D_1 - Q^*$ Sitzplätze.

Unter der Annahme, dass von den c Kapazitätseinheiten noch $c - x$ Einheiten verfügbar sind, sollte man Sitzpläte zum niedrigen Preis r_2 verkaufen, falls

$$r_2 \geq r_1 \cdot P\left(D_1 > x\right). \tag{2.1}$$

Folglich sollte Q^* so berechnet werden, dass

$$r_2 < r_1 \cdot P\left(D_1 > Q^* - 1\right) \quad \text{und} \quad r_2 \geq r_1 \cdot P\left(D_1 > Q^*\right). \tag{2.2}$$

Durch Umformung ergibt sich der erwartete marginale Sitz-Revenue für Q^* als

$$EMSR(Q^*) = \left(1 - P\left(D_1 \leq Q^*\right)\right) \cdot r_1 \leq r_2 \tag{2.3}$$

und weiter

$$P(D_1 \leq Q^*) \geq \frac{r_1 - r_2}{r_1} \,. \tag{2.4}$$

Mit F_{D_1} als Bezeichnung für die zugehörige Verteilungsfunktion der Nachfrage im Normaltarif D_1 erhält man schließlich

$$Q^* \geq F_{D_1}^{-1}\left(\frac{r_1 - r_2}{r_1}\right) \tag{2.5}$$

und kann damit den optimalen Wert Q^* bestimmen.
Entsprechend ergibt sich das Buchungslimit BL_2 für die maximale Anzahl anzunehmender Anfragen für den reduzierten Tarif r_2 als Differenz aus c und Q^*. Das Buchungslimit BL_1 für Sitze im Normaltarif r_1 ist lediglich durch die Kapazität c restringiert (vgl. Abbildung 2.2).

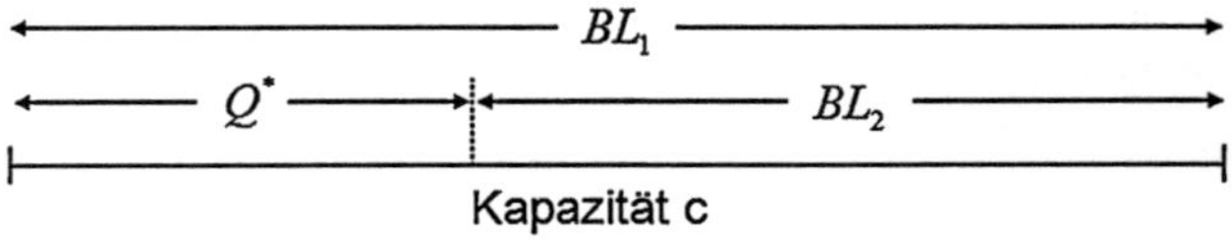

Abbildung 2.2: Prinzip des EMSR-Verfahrens für zwei Tarifprodukte.

EMSR-a-Verfahren
Diese Überlegung übertrug Belobaba (1989) [27] auf ein System mit mehreren Tarifen ($|I| \geq 2$). So werden beim sogenannten EMSR-a-Verfahren paarweise geschützte Kontingente bestimmt und die Werte entsprechend aggregiert (vergleiche im Folgenden Belobaba (1989) [27], S. 186f).
Ausgangspunkt bilden folgende Annahmen:

- Die Produkte sind nach der Höhe der Tarife absteigend sortiert, d.h. es gelte $r_1 \geq r_2 \geq \ldots \geq r_i \geq \ldots \geq r_v \geq \ldots \geq r_{|I|}$, wobei $i, v \in I$ zwei einzelne Produkte mit $i < v$ bezeichnen.
- Mit Q_v^{i*} seien die gegenüber der Nachfrage für niederwertige Produkte v ($i < v$) geschützten Kontingente eines Tarifprodukts i bezeichnet (d.h. der zuvor mit Q^* bezeichnete Wert würde in dieser Notation durch die Schreibweise Q_2^{1*} ausgedrückt).

Ebenso wie im Fall zweier Tarife werden zuerst sämtliche geschützten Kontingente Q_v^{i*} gemäß dem EMSR-Verfahren bestimmt:

$$EMSR(Q_v^{i*}) = \left(1 - P\left(D_i \leq Q_v^{i*}\right)\right) \cdot r_i \leq r_v \tag{2.6}$$

Aus den so ermittelten Q_v^{i*} lässt sich anschließend das Buchungslimit für jedes Produkt $v > 1$ folgendermaßen bestimmen:

$$BL_v = \max\left\{0,\ c - \sum_{i \in \{1,\ldots,|I|\},\, i<v} Q_v^{i*}\right\} \tag{2.7}$$

Es gilt $BL_1 = c$, so dass sich für jedes Produkt $v \in \{1, \ldots, |I| - 1\}$ die Anzahl der Plätze, die gegenüber der Nachfrage aus allen anderen niederwertigen Produkten geschützt sind (Nested Protection Levels (NP_v)), einfach berechnen lässt als

$$NP_v = BL_v - BL_{v+1}\,. \tag{2.8}$$

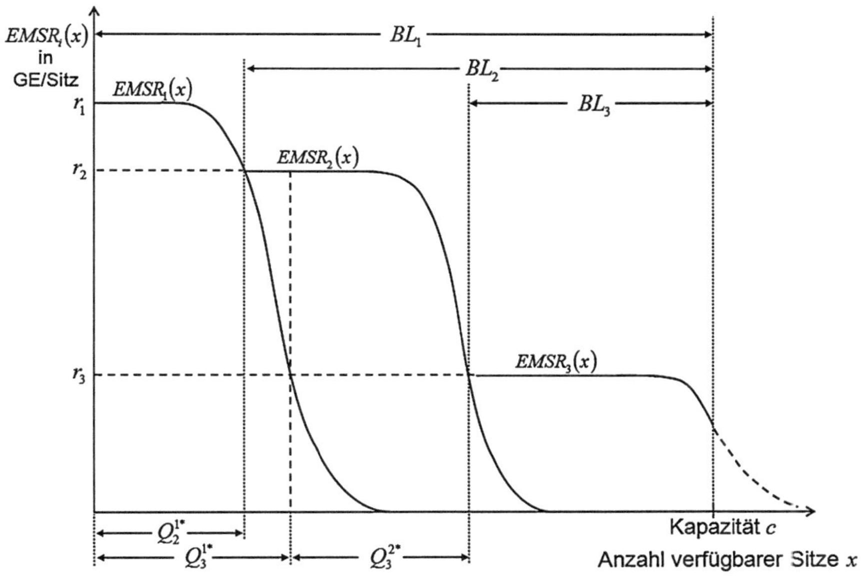

Abbildung 2.3: EMSR-Verfahren für drei Tarifprodukte (vgl. Belobaba (1989) [27], S. 187).

Abbildung 2.3 zeigt graphisch das Prinzip des EMSR-Verfahrens für drei Tarifprodukte, indem der erwartete marginale Sitz-Revenue $EMSR_i(x)$ (in GE/Sitzplatz) für Produkte $i = 1, 2, 3$ der verfügbaren Sitzplatzanzahl x gegenübergestellt wird. Dieser $EMSR_i(x)$ ist monoton fallend in x. Das optimale geschützte Kontingent Q_2^{1*} stellt den Schnittpunkt von $EMSR_1(x)$ und r_2 dar, entsprechend charakterisiert der Wert Q_3^{2*} den Schnittpunkt von $EMSR_2(x)$ und r_3 (und entsprechend der Wert Q_3^{1*} den Wert, wo $EMSR_1(x)$ die Größe r_3 unterschreitet). Die Buchungslimits ergeben sich als Differenz aus c und den (aggregierten) geschützten Kontingenten Q_v^{i*} gemäß Formel (2.7).

Wollmer (1992) [227] und Brumelle/McGill (1993) [42] haben gezeigt, dass die ermittelten geschützten Kontingente die optimalen Werte sowohl unter- als auch überschreiten können (vgl. dazu auch van Ryzin/McGill (2000) [216]). Dabei ist die beobachtete Abweichung zwischen ermittelten und optimalen Werten umso größer, je dichter die Erlöse der Produkte zusammenliegen. Die Abweichungen sind dabei auf die separate Bestimmung von geschützten Kontingenten zurückzuführen, die mögliche stochastische Ausgleichseffekte, welche durch simultane Nachfrageschwankungen in mehreren Tarifprodukten entstehen können, ignoriert (vgl. Talluri/van Ryzin (2004a) [208], S. 44-50).

EMSR-b-Verfahren

Das EMSR-b-Verfahren basiert ebenso auf einer Betrachtung von jeweils zwei Tarifprodukten, ermöglicht allerdings eine bessere Berücksichtigung der eben beschriebenen Ausgleichseffekte. Im Gegensatz zum EMSR-a-Verfahren werden bei dieser Variante Nachfragedaten und nicht geschützte Kontingente aggregiert. Zur Berechnung geschützter Kontingente und Buchungslimits für ein Produkt v werden die höherwertigen Produkte $1, \ldots, v-1$ zu einem virtuellen Produkt $\widetilde{v{-}1}$ zusammengefasst (vgl. Talluri/van Ryzin (2004a) [208], S. 47). Damit werden geschützte Kontingente $Q_v^{\widetilde{v-1}*}$ für eine zusammengefasste Klasse $\widetilde{v{-}1}$ gegenüber Produkt v bestimmt und damit ein Buchungslimit für Tarifprodukt v.

Zu diesem Zweck definiert man eine Zufallsvariable für die zu erwartende Gesamtnachfrage $D_{\widetilde{v-1}}$ für dieses neue, virtuelle Produkt wie folgt (vgl. Belobaba (1992) [28]):

$$D_{\widetilde{v-1}} = \sum_{i=1}^{v-1} D_i \tag{2.9}$$

Der bei Realisierung dieser erwarteten Nachfrage erzielbare Durchschnittsertrag $r_{\widetilde{v-1}}$ beruht auf einer Gewichtung der Erwartungswerte der Nachfrage $\overline{D}_i$ für Produkte $i = \{1, \ldots, v-1\}$ und wird bestimmt durch

$$r_{\widetilde{v-1}} = \frac{\sum_{i=1}^{v-1} r_i \cdot \overline{D}_i}{\sum_{i=1}^{v-1} \overline{D}_i} . \tag{2.10}$$

Danach lassen sich unter Verwendung der Regel von Littlewood, wie oben geschildert, geschützte Kontingente $Q_v^{\widetilde{v-1}*}$ berechnen (vgl. Klein/Steinhardt (2008) [135], S. 91) mit

$$P\left(D_{\widetilde{v-1}} \leq Q_v^{\widetilde{v-1}*}\right) \geq \frac{r_{\widetilde{v-1}} - r_v}{r_{\widetilde{v-1}}} . \tag{2.11}$$

Mit $F_{D_{\widetilde{v-1}}}$ als Bezeichnung für die zugehörige Verteilungsfunktion der Nachfrage $D_{\widetilde{v-1}}$ für das virtuelle Produkte $\widetilde{v-1}$ erhält man schließlich

$$Q_v^{\widetilde{v-1}*} \geq F_{D_{\widetilde{v-1}}}^{-1}\left(\frac{r_{\widetilde{v-1}} - r_v}{r_{\widetilde{v-1}}}\right) . \tag{2.12}$$

Entsprechend lässt sich das Buchungslimit BL_v für das niederwertige Produkt v durch $c - Q_v^{\widetilde{v-1}*}$ berechnen.

Nach Durchführung von $|I| - 1$ solcher Vergleichsanalysen lassen sich sämtliche Buchungslimits BL_v und damit Nested Protection Levels NP_v gemäß Formel (2.8) bestimmen.

Problematisch erweist sich jedoch die Bestimmung der gemeinsamen Verteilungsfunktion $F_{D_{\widetilde{v-1}}}$ für ein virtuelles Produkt, welche durch Faltung einzelner Verteilungsfunktionen bestimmt werden muss.

In der wissenschaftlichen Literatur ist das EMSR-a-Verfahren die am häufigsten erwähnte Methode (vgl. Talluri/van Ryzin (2004a) [208], S. 45). In einer Reihe von Simulationsstudien im Airlinebereich lieferte jedoch eine Steuerung mit geschützten Kontingenten bzw. Buchungslimits, basierend auf dem EMSR-b-Verfahren, bessere Revenuewerte als die Anwendung des EMSR-a-Verfahrens (vgl. Belobaba/Weatherford (1996) [29], S. 349).

Erweiterungen

Der Gedanke der EMSR-Verfahren bildet die Grundlage für eine Reihe weiterer Anwendungen bei der Steuerung von Kapazitäten innerhalb einer Ressource. Bisher wurden jedoch geschachtelte Buchungslimits unter der Annahme, dass günstigere Tarife zuerst gebucht werden, bestimmt. Diese strikte „Niedrig-zu-hoch-Bedingung“ (statische Ankunft von Anfragen) verallgemeinern Robinson (1995) [181] und Lautenbacher/Stidham (1999) [147], indem beliebige Buchungsreihenfolgen zugelassen werden (dynamische Ankunft von Anfragen).

Bisher wurde stets angenommen, dass Nachfrage für einzelne Produkte unabhängig ist. Dies stellt allerdings eine sehr einschränkende Voraussetzung dar und wird realen Anwendungen oft nicht gerecht. So wird in einigen Arbeiten davon ausgegangen, dass Kunden mit einer gewissen Wahrscheinlichkeit ein höher- bzw. niederwertiges Tarifprodukt nachfragen, also ein Upgrading bzw. Spillage vornehmen, wenn das eigentlich gewünschte Produkt nicht verfügbar ist (vgl. Brumelle *et al.* (1990) [43]). Eine weitere Möglichkeit der Integration von Kundenauswahl (Customer Choice) ist die explizite Betrachtung eines Kundenauswahlmodells (vgl. Talluri/van Ryzin (2004b) [209], Kimms/Müller-Bungart (2007c) [130] und Gallego *et al.* (2009) [95]). Talluri/van Ryzin (2004b) [209] stellen dabei die Kaufwahrscheinlichkeiten für jedes Produkt als Funktion angebotener Tarife dar und charakterisieren die optimale Menge anzubietender Tarife zu bestimmten Zeitpunkten des Buchungshorizonts.

Boyd/Kallesen (2004) [40] behandeln den Fall, dass Kunden zu dem niedrigsten vorhandenen Tarif kaufen und tragen damit der zunehmenden Schwierigkeit, Kunden in Segmente einzuteilen, Rechnung. Einen ähnlichen Gesichtspunkt betrachten Currie/Simpson (2009) [62], indem sie innerhalb eines Intervalls zweier vorgegebener minimaler und maximaler Tarife einzelne diskrete Preisstufen optimieren. Sie betrachten die Fälle der imperfekten Segmentierung, bei der ein Wechsel von Kunden zwischen Segmenten möglich ist bzw. der perfekten Marktsegmentierung, bei der solch ein Wechsel verhindert werden kann.

Aufgrund der zunehmenden Anzahl an Anbietern erweist sich eine Optimierung anhand einer Monopolstellung häufig als problematisch. So wird in einigen Arbeiten eine Wettbewerbssituation zugrundegelegt (vgl. Netessine/Shumsky (2005) [168], Isler/Imhof (2008) [115], Zhang/Kallesen (2008) [232], Gao *et al.* (2010) [98] und Gallego *et al.* (2011) [94]). Netessine/Shumsky (2005) [168] betrachten eine Anwendung im Airlinebereich unter horizontaler Konkurrenz (Konkurrenz auf einem einzelnen Flug) und vertikaler Konkurrenz (mehrere Airlines konkurrieren auf einer Verbindung, bestehend aus mehreren einzelnen Flügen[3]). Sie zeigen die Existenz eines Nash-Gleichgewichts und vergleichen die Anzahl geschützter Kontingente für jedes Tarifprodukt mit und ohne Kon-

3 Dieser sog. Netzwerk-Fall wird in Kapitel 3 eingehend beschrieben.

kurrenz. Sie kommen zu dem Ergebnis, dass unter horizontaler Konkurrenz mehr Sitze für höherpreisige Tarife geschützt werden als bei einer Stellung als Monopolist. Bei vertikaler Konkurrenz ist dieses geschützte Kontingent nicht grundsätzlich höher, sondern hängt ab vom Verhältnis der Kunden für den Flug als Teil einer zusammengesetzten Verbindung (Connecting Demand) zu Kunden, die nur diesen einen Flug buchen (Lokal Demand).

Weitere Arbeiten berücksichtigen eine Risikoneigung. So bestimmen Barz/Waldmann (2007) [20] und Huang/Chang (2011) [113] eine optimale Buchungssteuerung bei statischer und dynamischer Kundenankunft für einen risikoaversen Entscheidungsträger.

Lee/Hersh (1993) [148] und Brumelle/Walczak (2003) [44] erweitern die Problemstellung um die Möglichkeit der Nachfrage nach mehreren Einheiten gleichzeitig. Dieser als Batch Arrival bezeichnete Aspekte tritt beispielsweise bei Gruppenbuchungen von Reisen auf.

In den bisherigen Ausführungen werden Ansätze mit einer Optimierung aufgrund von Transaktionen wie Buchungen oder Stornierungen vorgestellt. In neueren Arbeiten wird dieses Vorgehen um längerfristige Kundenwerte erweitert. So propagieren Vinod (2008) [219] und von Martens/Hilbert (2011) [220] ein mehr kundenbasiertes (customer-centric) Revenue Management.

2.3.3.2 Network Revenue Management

Im Gegensatz zum bisherigen Fall wird beim Netzwerk-Revenue Management nicht eine Ressource isoliert gesteuert, sondern als Teil eines ganzen Netzes, das aus mehreren Ressourcen besteht, angesehen. Die grundsätzliche Problematik besteht in der unterschiedlichen Nutzung einzelner Ressourcen. So kann es vorkommen, dass innerhalb eines Fluges Passagiere mit unterschiedlichen Produkten als Kombination aus Verbindung und Tarif gleichartige Sitze nutzen. Glover *et al.* (1982) [103] bezeichnen dieses Phänomen als Fare Mix-Problem.

Aufgrund der Komplexität bilden in diesem Teilbereich meist approximative Verfahren den Ausgangspunkt für eine Kapazitätssteuerung. Dieser Fall bildet die Grundlage für die weiteren Ausführungen und wird deshalb im nächsten Kapitel eingehender dargestellt.

2.3.4 Overbooking-Entscheidungen

Bei der Überbuchung handelt es sich um ein Instrument, welches lange vor Verbreitung von Revenue Management eingesetzt wurde. So wendet bereits Beckmann (1958) [23] in den 1950er-Jahren Überbuchungsüberlegungen im Airlinebereich an.
Abbildung 2.4 gibt einen Überblick über mögliche Vorgehensweisen beim Overbooking. Grundsätzlich lassen sich zunächst statische und dynamische Überbuchungsmodelle unterscheiden, wobei sich statische in solche mit Orientierung am Servicegrad und in solche mit monetärer Bewertung unterteilen lassen. Als Servicegrad ist entweder eine vorgegebene Höchstwahrscheinlichkeit für eine Nichtbeförderung (Denied Boarding) (Typ 1) oder die Berücksichtigung des Anteils der beförderten zu den erscheinenden Passagieren denkbar (Typ 2) (vgl. Klein/Steinhardt (2008) [135], S. 156f). Bei monetärer Herangehensweise werden die erzielten Revenues mit erwarteten Kosten für abgewiesene Kunden in Beziehung gesetzt.

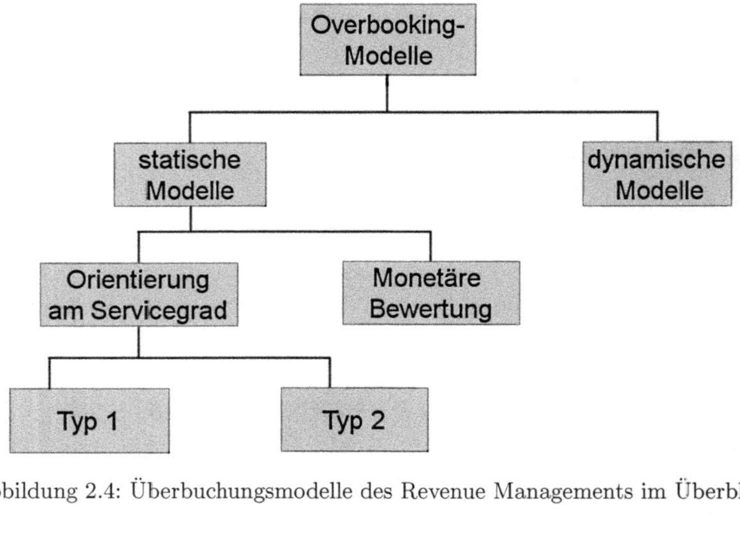

Abbildung 2.4: Überbuchungsmodelle des Revenue Managements im Überblick.

Bei statischen Overbooking-Modellen wird ausgehend vom aktuellen Buchungsstand sowie vom verbleibenden Buchungszeitraum und zu erwartenden No-Shows für jede Ressource ein Overbooking-Limit berechnet, ohne dabei Stornierungen und neu eingehende Buchungen im Zeitablauf zu berücksichtigen (vgl. Zhao/Zeng (2001) [234], Siddappa *et al.* (2008) [193], Lan *et al.* (2011) [145] und

Amaruchkul/Sae-Lim (2011) [3]). Diese statische Darstellung erweitern Klophaus/Pölt (2007) [136], indem sie zeitabhängige Schadenskosten für abgewiesene Kunden und leere Sitze beim Abflug annehmen. Substituierbare Klassen in Form einer veränderbaren Kabinenkonfiguration, eines Upgrades auf eine höherwertige Klasse oder der Umbuchung auf einen anderen Flug (unter Berücksichtigung eventuell zusätzlich anfallender Kosten) betrachten Ringbom/Shy (2002) [180] sowie Karaesmen/van Ryzin (2004b) [120].

Dynamische Modelle sehen für jede eintreffende Buchungsanfrage eine Anpassung des Überbuchungslimits auf Basis aktueller Daten (Buchungen bzw. Prognosen für Stornierungen und No-Shows) vor (vgl. Chatwin (1998) [50]). Im Rahmen einer integrierten Kapazitäts- und Überbuchungssteuerung formulieren Subramanian *et al.* (1999) [201] und El-Haber/El-Taha (2004) [76] das dynamische Modell als Markovschen Entscheidungsprozess.

Subramanian *et al.* (1999) [201] stellen dabei keine Einschränkungen an das zeitliche Buchungsverhalten (dynamische Ankunft von Anfragen) und bestimmen für jedes Tarifprodukt zustands- und zeitabhängige Buchungslimits. El-Haber/El-Taha (2004) [76] verallgemeinern dynamische Überbuchungsüberlegungen, indem sie als Anwendung im Airlinebereich eine Flugverbindung, bestehend aus zwei Teilflügen, zugrundelegen.

Diese zuletzt beschriebene Arbeit behandelt schon einen einfachen Netzwerk-Fall. In komplexeren Netzwerk-Anwendungen werden Kapazitäts- und Überbuchungsüberlegungen meist sequentiell gesteuert. In neueren Arbeiten wurden allerdings Verfahren entwickelt, die bekannte deterministische, lineare Programme um eine Möglichkeit der Überbuchungserweiterung anpassen (vgl. Bertsimas/Popescu (2003) [34] sowie Karaesmen/van Ryzin (2004a) [119]).[4]

2.3.5 Dynamic Pricing

Im Folgenden soll eine Steuerung beschrieben werden, bei der Preise als zu optimierende Größen betrachtet werden. Das bedeutet, dass, statt der Kontingentierung für verschiedene Tarifprodukte, durch Erhöhen oder Senken von Preisen der Verkauf der verfügbaren Gesamtkapazität gesteuert wird. Während beim Verkauf von Flugtickets Tarife im Laufe der Buchungsperiode tendenziell erhöht werden („Markup"), wird bei Saisonartikeln aufgrund des Wertverfalls angebotener Produkte der Preis meist gesenkt („Markdown") (vgl. Bitran/Caldentey (2003) [37] und Elmaghraby/Keskinocak (2003) [78]). Ziel des

4 Auf diese Möglichkeit wird in den Ausführungen von Kapitel 4 eingegangen.

Dynamic Pricing ist es, unterschiedliche Zahlungsbereitschaften, die in erster Linie den Zeitpunkt des Erwerbs eines Produkts oder einer Leistung betreffen, auszunutzen. Desiraju/Shugan (1999) [68] kommen bei ihrer Untersuchung zu dem Ergebnis, dass Revenue Management gerade dann profitabel ist, wenn innerhalb der Kundenpopulation verschiedene, zu unterschiedlichen Zeitpunkten eintreffende Segmente differenziert werden können.

2.3.5.1 Grundidee des Dynamic Pricing

Hier wird die grundlegende Wirkungsweise einer dynamischen Preisanpassung vorgestellt.[5]
Vereinfachend wird dabei zunächst von folgenden Annahmen ausgegangen (vgl. Klein/Steinhardt (2008) [135], S. 186-190):

- Entsprechend dem Single Leg-Fall im Airlinebereich wird die Betrachtung auf ein Produkt beschränkt. Damit werden keinerlei Verbund- oder Substitutionseffekte berücksichtigt.
- Über den gesamten Planungshorizont hinweg steht eine bekannte, fixe Kapazität zur Verfügung, d.h. es wird auf die Möglichkeit einer Wiederbestellung auch bei unerwartet hoher Nachfrage verzichtet.
- Kunden sind allesamt myopisch, d.h. die Kauf- oder Nichtkaufentscheidung wird unmittelbar getroffen. Damit wird strategisches Kundenverhalten, d.h. das Aufschieben eines Kaufes in der Hoffnung auf eine spätere Preisreduzierung, ausgeschlossen.
- Der Anbieter ist Monopolist, es werden also keinerlei Konkurrenzanbieter berücksichtigt.
- Die Beziehung zwischen Angebot und Nachfrage ist deterministisch. Mit einer als bekannt angenommenen Preis-Absatz-Funktion kann somit bei einem bestimmten Preis direkt auf die verkaufte Menge geschlossen werden.

Trotz dieser einschränkenden Annahmen kann damit der Grundgedanke einer dynamischen Preisanpassung verdeutlicht werden.

---

5 Im Gegensatz dazu wird bei einer Fixpreisstrategie, dem Angebot von nur einem festen Preis, auf die zeitliche Preisänderung verzichtet. Gründe dafür können ein zu kurzer Verkaufszeitraum, zu hohe Kosten für Preisänderungen oder mangelnde Akzeptanz beim Kunden sein (vgl. Klein/Steinhardt (2008) [135], S. 193).

Nachfragefunktion

Einen Zusammenhang zwischen Angebotspreis und resultierender Nachfrage gibt die Nachfragefunktion (Preis-Absatz-Funktion) wieder (vgl. Klein/Steinhardt (2008) [135], S. 191f). Bei deterministischen Modellen resultiert damit aus dem in einer bestimmten Periode t innerhalb eines Verkaufszeitraumes mit T Perioden angebotenen Preis r_t eine Absatzmenge von

$$q_t\left(r_t\right) \quad \text{mit} \quad r_t \in \mathbb{D}_{q_t},\ t = 1, \ldots, T \tag{2.13}$$

wobei $\mathbb{D}_{q_t}$ die Definitionsmenge der Funktion q_t bezeichnet.
Bezüglich dieser Nachfragefunktionen werden einige formale Annahmen getroffen (vgl. Phillips (2005) [176], S. 40f):

- Die Funktionen sind nur für nichtnegative Preise definiert, d.h. für den Definitionsbereich $\mathbb{D}_{q_t}$ gilt $\mathbb{D}_{q_t} \subseteq [0, \infty)$. Weiter kann die Nachfrage keine negativen Werte annehmen, für den Wertebereich $\mathbb{W}_{q_t}$ gilt damit: $\mathbb{W}_{q_t} \subseteq [0, \infty)$.
- Die Funktionen sind auf ihrem gesamten Definitionsbereich $\mathbb{D}_{q_t}$ stetig differenzierbar.
- Je höher der festgelegte Preis, desto geringer ist die zugehörige Nachfragemenge. Formal heißt das, dass die Funktionen auf ihrem Definitionsbereich streng monoton fallend sind, d.h. es gilt: $q_t^{'}\left(r_t\right) < 0$.
- Für ausreichend hohe Preise tendiert die Nachfrage gegen 0, es gilt also $\inf_{r_t \in \mathbb{D}_{q_t}} q_t\left(r_t\right) = 0$.

Aus den Annahmen folgt, dass zu $q_t\left(r_t\right)$ die ebenfalls stetig differenzierbare und streng monoton fallende Umkehrfunktion $r_t\left(q_t\right)$ gebildet werden kann:

$$r_t\left(q_t\right) = q_t^{-1}\left(r_t\right) \quad \text{mit} \quad q_t \in \mathbb{D}_{r_t} = \mathbb{W}_{q_t},\ t = 1, \ldots, T\,. \tag{2.14}$$

Mit Hilfe der Umkehrfunktion wird es möglich, anstelle des Angebotspreises unmittelbar die zugehörige Nachfragemenge q_t als Entscheidungsvariable aufzufassen, aus der dann eindeutig auf den einzufordernden Angebotspreis $r_t\left(q_t\right)$ geschlossen werden kann. Diese zweite Darstellung ist oft leichter handhabbar, so dass im Folgenden auf diese Variante zurückgegriffen wird.
Ausgehend von der inversen Nachfragefunktion (2.14) ergeben sich die Erlösfunktion $s_t\left(q_t\right)$ sowie der Grenzerlös $s_t^{'}\left(q_t\right)$ wie folgt (vgl. Talluri/van Ryzin (2004a) [208], S. 192):

$$s_t\,(q_t) = q_t \cdot r_t\,(q_t) \quad \text{mit} \quad q_t \in \mathbb{D}_{r_t},\ t = 1, \ldots, T\,. \tag{2.15}$$

sowie

$$s_t^{'}\,(q_t) = r_t\,(q_t) + q_t \cdot r_t^{'}\,(q_t) \quad \text{mit} \quad q_t \in \mathbb{D}_{r_t},\ t = 1, \ldots, T\,. \tag{2.16}$$

Dabei sollen folgende Annahmen gelten:

- Die Erlösfunktion ist beschränkt, d.h. sie nimmt auf ihrem Definitionsbereich ausschließlich endliche Werte an.
- Die Erlösfunktion besitzt in einem endlichen, inneren Punkt $q_t^0 \in \mathbb{D}_{r_t}$ ein Maximum.
- Die Grenzerlösfunktion ist auf dem Definitionsbereich $\mathbb{D}_{r_t}$ streng monoton fallend.

Die letzte Annahme impliziert, dass die Erlösfunktion auf ihrem gesamten Definitionsbereich konkav ist. In Kombination mit der zweiten Annahme bedeutet dies, dass es zur Ermittlung des dann einzigen globalen Maximums der Funktion hinreichend ist, die notwendigen Optimalitätsbedingungen zu lösen (vgl. Klein/Steinhardt (2008) [135], S. 192).

Deterministisches Modell mit Preisanpassung

Beim deterministischen Modell des Dynamic Pricing wird davon ausgegangen, dass der Preis zu Beginn jeder Periode t verändert werden kann (vgl. im Folgenden Klein/Steinhardt (2008) [135], S. 195ff).
Es hat folgende Gestalt:

$$\max \quad s\,(\mathbf{q}) = \sum_{t=1}^{T} q_t \cdot r_t\,(q_t) \tag{2.17}$$

unter den Nebenbedingungen:

$$\sum_{t=1}^{T} q_t \leq c \tag{2.18}$$

$$q_t \geq 0 \quad \text{für} \quad t = 1, \ldots, T \tag{2.19}$$

wobei der Vektor $\mathbf{q} = (q_1, \ldots, q_T)$ die in den einzelnen Perioden generierten Nachfragemengen zusammenfasst.

Die Zielfunktion (2.17) maximiert den Gesamtumsatz als Summe der über den in den einzelnen Perioden t erzielbaren Teilerlösen $s_t = q_t \cdot r_t(q_t)$. Die erste Nebenbedingung (2.18) stellt sicher, dass die Summe der periodenspezifischen Nachfragemengen die insgesamt zur Verfügung stehende Angebotskapazität c nicht überschreitet. Die zweite Restriktion (2.19) gewährleistet die Nichtnegativität der Verkaufsmenge in jeder Periode.

Da es sich bei dieser Modellierung um ein nichtlineares Problem handelt, ist eine Lösung nicht sofort einsichtig. Im Folgenden wird eine Optimallösung unter Verwendung der sogenannten Karush-Kuhn-Tucker-Bedingungen charakterisiert (vgl. dazu Nickel *et al.* (2011) [169], Kapitel 7).

Mit λ als Bezeichnung für den Lagrange-Multiplikator der Kapazitätsbeschränkung sind für eine optimale Lösung $\mathbf{q}^* = (q_1^*, \ldots, q_T^*)$ an einem inneren Punkt des Definitionsbereichs $\mathbb{D}_{r_1} \times \ldots \times \mathbb{D}_{r_T}$ die notwendigen Bedingungen erster Ordnung derart gegeben (vgl. Talluri/van Ryzin (2004a) [208], S. 189):

$$s_t^{'}(q_t^*) = \lambda \quad \text{für} \quad t = 1, \ldots, T \tag{2.20}$$

unter den Bedingungen für den komplementären Schlupf

$$\lambda \cdot \left(c - \sum_{t=1}^{T} q_t^* \right) = 0 \tag{2.21}$$

sowie der Nichtnegativitätsbedingung für den Lagrange-Multiplikator λ, also $\lambda \geq 0$.

Da die Ableitung $s_t^{'}(q_t)$ auf dem gesamten Definitionsbereich monoton fallend ist, hat die Funktion $s_t(q_t)$ einen konkaven Verlauf. Unter der zusätzlichen Annahme der Existenz eines Maximums im Inneren des Definitionsbereichs sind Bedingungen (2.20) und (2.21) auch hinreichend.

Der Wert des Lagrange-Multiplikators λ entspricht dabei gerade den marginalen Opportunitätskosten der Angebotskapazität, d.h. er gibt (marginal) an, um wie viele GE sich der Zielfunktionswert $s(\mathbf{q})$ bei einer Verringerung der Angebotsmenge auf $c - 1$ verschlechtern würde.

Die erste Bedingung (2.20) stellt sicher, dass im Optimum die Grenzerlöse in allen Perioden identisch sind und den Opportunitätskosten der Angebotskapazität entsprechen. Diese Forderung ist sinnvoll, denn würden sich für zwei Perioden unterschiedliche Grenzerlöse ergeben, so könnte der Gesamterlös durch Vergrößerung der Nachfragemenge in der Periode mit höherem Grenzerlös und entsprechender Verringerung der Nachfragemenge in der Periode mit geringe-

rem Grenzerlös weiter gesteigert werden. Die gefundene Lösung kann in diesem Fall also nicht optimal sein (vgl. Klein/Steinhardt (2008) [135], S. 197).
Die Bedingung vom komplementären Schlupf (2.21) besagt, dass die Opportunitätskosten der Angebotskapazität λ nur dann einen echt positiven Wert annehmen können, wenn die Angebotsmenge vollständig abgesetzt wird, d.h. wenn in der Ungleichung kein Schlupf mehr besteht und daher $c - \sum_{t=1}^{T} q_t^* = 0$ gilt. Auch diese Forderung macht Sinn, da für $\sum_{t=1}^{T} q_t^* < 0$ eine marginale Verringerung der ohnehin nicht ausgenutzten Angebotskapazität keinen Einfluss auf den erzielten Gesamterlös haben kann und daher $\lambda = 0$ gelten muss. In diesem Fall gehen die Bedingungen über in $s_t^{'}(q_t^*) = 0$ und entsprechen somit den Bedingungen erster Ordnung, so dass sich als optimale Lösung genau die Lösung des unbeschränkten Optimierungsproblems ergibt (vgl. Talluri/van Ryzin (2004a) [208], S. 189).

Diese Darstellung sollte einen kurzen Einblick in die Anwendung von Dynamic Pricing geben. Eine ähnliche Modellierung schlägt Phillips (2005) [176] vor. Dabei werden Saisonartikel und deshalb ausschließlich Preisreduzierungen („Markdowns“) zugelassen sowie die Möglichkeit eines Restwerts unverkaufter Ware nach Ablauf des Verkaufszeitraumes integriert (vgl. Phillips (2005) [176], S. 250ff).
Neben deterministischen Modellen werden in der Literatur stochastische Ansätze vorgeschlagen. Diese berücksichtigen die in realen Anwendungen existierende Unsicherheit bzgl. eintreffender Nachfrage (siehe dazu insbesondere Klein/Steinhardt (2008) [135], S. 203-222).

2.3.5.2 Erweiterungen des Dynamic Pricing

In weiteren Arbeiten werden Verallgemeinerungen diskutiert und alternative Ansätze vorgestellt, bei denen explizit nicht alle der in Abschnitt 2.3.5.1 getroffenen Annahmen gelten.
So besteht eine mögliche Erweiterung in der Betrachtung mehrerer Produkte und damit einhergehender Interdependenzen, die aufgrund gemeinsam genutzter Ressourcen oder nachfrageseitiger Korrelationen (Substitutions- oder Komplementärbeziehungen) auftreten können (vgl. Gallego/van Ryzin (1997) [97], Bertsimas/de Boer (2005b) [33], Maglaras/Meissner (2006) [158], Thiele (2009) [211] und Kunnumkal/Topaloglu (2010a) [140]).
In den Arbeiten von Perakis/Sood (2006) [173], Gallego/Hu (2007) [92], Luo/Peng (2007) [156], Marcus/Anderson (2008) [160] und Currie *et al.* (2008)

[61] werden mehrere auf dem Markt konkurrierende Anbieter angenommen und mit spieltheoretischen Ansätzen eine optimale Preisstrategie ermittelt. Lin/Sibdari (2009) [150] gehen noch einen Schritt weiter und integrieren Kundenwahlverhalten. Unter Annahme eines für alle Marktteilnehmer bekannten Bestandes zeigen sie die Existenz eines Nash-Gleichgewichts.

Aviv/Pazgal (2005) [6] und Gaul/Azizi (2010) [101] erweitern die zeitliche Preissteuerung um den Aspekt des Demand Learnings. Bei diesen Demand Learning-Modellen werden die Nachfrageparameter sukzessive anhand von getätigten Verkäufen aus der Vorsaison oder aus frühen Phasen der aktuellen Periode „erlernt" (Klein/Steinhardt (2008) [135], S. 189).

Bei einer weiteren Verallgemeinerung wird die sog. „Wait for Sale"-Mentalität widergespiegelt. So wird in den Arbeiten von Elmaghraby *et al.* (2003) [77], Aviv/Pazgal (2008) [7], Liu/van Ryzin (2008b) [154], Bansal/Maglaras (2009) [9] und MacDonald *et al.* (2010) [157] strategisches Kundenverhalten angenommen. Diesem Kundenverhalten liegt die Trennung zwischen strategischen und myopischen Kunden zugrunde. Während sich ein myopischer Kunde unmittelbar über seine Kauf- oder Nichtkaufentscheidung im Klaren ist, hofft ein strategischer Kunde auf einen möglichen Preisnachlass zu einem späteren Zeitpunkt. Allerdings läuft er dabei Gefahr, dass die rationierte Ware bereits ausverkauft ist.

Darüber hinaus werden in der Literatur eine Reihe weiterer Verallgemeinerungen betrachtet. Feng/Gallego (2000) [84], Weatherford (2001) [222] und Karpowicz/Szajowski (2007) [121] beschränken beispielsweise die Menge möglicher Preisanpassungen. Feng/Gallego (2000) [84] modellieren dabei die stochastische Nachfrage durch einen allgemeinen Poisson-Prozess mit Markovschen, zeitabhängigen, vorhersagbaren Intensitäten und entwickeln ein Verfahren zur Bestimmung der optimalen Preisstrategie. Weatherford (2001) [222] unterscheidet verschiedene Probleme, abhängig von der Anzahl an Tarifen, der Unterteilung in geschachtelte und disjunkte Steuerung sowie der Möglichkeit von Diversion, bei der Kunden mit hoher Zahlungsbereitschaft auch für niedrigpreisige Produkte in Frage kommen. Dabei werden drei Fälle betrachtet: (1) bis zu einer bestimmten Anzahl von n Tarifen, disjunkte Steuerung und keine Diversion, (2) bis drei Tarife, geschachtelte Steuerung und keine Diversion sowie (3) bis drei Tarife, geschachtelte Steuerung und Diversion.

Feng/Xiao (2000) [85] beschreiben ein verallgemeinertes Dynamic Pricing-Problem, bei dem diskrete Preisänderungen im Falle unerwartet hoher oder niedriger Nachfrage rückgängig gemacht werden können. In der Arbeit von

Walczak/Brumelle (2007) [221] wird speziell die Art der zugrundeliegenden Information modelliert und mit einer Variable für die Informationsdaten in die Optimierungssteuerung integriert. Zhao/Zeng (2000) [233] betrachten Kunden mit zeitabhängigen Reservationspreisen (nichthomogene Nachfrage) und trennen damit Ankunfs- und Kaufwahrscheinlichkeit. Eine Ergänzung des Angebotsspektrums betrachten Zouaoui/Rao (2009) [235] mit einer Erweiterung des Angebots um opaque Produkte, bei der es sich um eine spezielle Art von flexiblem Angebot handelt. Bei einem undurchsichtigen (engl. „opaque") Produkt kauft der Kunde kein exakt definiertes Produkt, sondern kennt nur gewisse Basisrestriktionen und erfährt erst nach Abschluss der Kaufhandlung genaue Rahmenbedingungen (siehe auch das Konzept der flexiblen Nachfrage in Kapitel 4).
Trotz der engen Beziehung zwischen Kapazitäts- und Preissteuerung gibt es nur wenige Ansätze für eine simultane Preis-Mengen-Optimierung. Kuyumcu/Popescu (2006) [143] gehen von einem Anbieter mit mehreren Produkten, die mehrere Ressourcen nutzen, aus. Dabei werden mithilfe statischer, deterministischer Modelle, ausgehend von einer Nachfrage mit Substitutions- und Komplementaritätseffekten, Optimalitätsbedingungen aufgestellt.

2.3.6 Forecasting

Die Vorhersage (engl. Forecasting) ist ein Gebiet, das sämtliche vorher beschriebenen Teilbereiche des Revenue Managements betrifft. Die Güte von Vorhersagen für Nachfrage, Preissensitivität oder im Falle der Überbuchungssteuerung für das Auftreten von Stornierungen und No-Shows beeinflusst entscheidend die Leistungsfähigkeit eines Revenue Management-Systems (siehe Talluri/van Ryzin (2004a) [208], S. 407). So geht Pölt (1998) [177] im Falle einer Verringerung des Prognosefehlers um 20% von einer Steigerung des Revenues um 1% aus.
Im Folgenden soll ein Einblick in Aspekte, die speziell die Vorhersage im Revenue Management betreffen, gegeben werden. Im Einzelnen werden Fragestellungen bzgl. des Typs benötigter Größen, der Art von Datenquellen sowie Gesichtspunkte des Datendesigns diskutiert.

Grundsätzlich sind Vorhersagen abhängig von den benötigten Inputdaten für eine Optimierung, die entweder mengen- oder preisbasiert ist (vgl. Abschnitt 2.3.1). Viele Ansätze benötigen dabei stochastische Nachfragemodelle und damit die komplette Wahrscheinlichkeitsverteilung oder zumindest eine Parameterschätzung für Erwartungswert oder Varianz einer angenommenen Verteilung.

Neben der Vorhersage aggregierter Nachfrage müssen häufig Charakteristika, wie die Entwicklung der Nachfrage über die Zeit, der Prozentsatz von Stornierungen oder die Resonanz auf Marketingaktionen, prognostiziert werden (siehe Talluri/van Ryzin (2004a) [208], S. 410).
Im Falle einer mengenbasierten Steuerung sind die Kenntnisse über die zeitliche Verteilung von Buchungen und Stornierungen wichtig. So bildet die Buchungskurve die Ankunft von Anfragen im Verlauf der Buchungsperiode ab. Während mit Bruttobuchungen (engl. Gross Bookings) die gesamte Anzahl von Buchungen angegeben wird, sind bei Nettobuchungen (engl. Net Bookings) Stornierungen berücksichtigt, die ebenso einer zeitabhängigen Betrachtung bedürfen (vgl. Klein/Steinhardt (2008) [135], S. 154). Weitere zu berücksichtigende Größen sind zukünftig erzielbare Revenues sowie Wahrscheinlichkeiten für Cross- bzw. Upsellings, die den Verkauf von ergänzenden bzw. höherwertigen Produkten angeben. Zudem ist beim Schließen einer Klasse die Anzahl der zurückgewiesenen Kunden (engl. „Spill") und der Anteil dieser Kunden, die daraufhin ein Substitutionsprodukt erwerben (engl. „Recapture-Rate"), von Bedeutung.
Bei einer preisbasierten Steuerung ist die Schätzung der Parameter einer Nachfragefunktion oder zumindest eine Schätzung der Preissensitivität zum gegenwärtigen Preis notwendig. Weiter werden Kreuzpreiselastizitäten bei signifikanten Substitutionseffekten und Prognosen für den aktuellen Preis oder die Größe der Kundenpopulation benötigt. Interessante Aspekte sind in diesem Zusammenhang Stockout- und Low-Inventory-Effekte, das Phänomen, dass sich Kunden bei drohendem Warenausverkauf eher für einen Kauf entscheiden, oder Switching-Behavior, das Wechseln von Kunden zwischen verschiedenen Anbietern (siehe Talluri/van Ryzin (2004a) [208], S. 411).

Revenue Management-Systeme stützen sich meist auf historische, transaktionsbasierte Daten wie Reservierungen oder Stornierungen als Informationsquelle. So speichern Reservierungsdatenbanken entweder eine aggregierte Anzahl an Buchungen in einer Klasse oder zeichnen Informationen über einzelne Buchungen auf, was als sog. Customer Booking Record bezeichnet wird. Im Airlinebereich stellt beispielsweise der Fluggastdatensatz (engl. Passenger Name Record (PNR)) Informationen über Tag, Strecke, Dauer oder Buchungsklasse eines Fluges des jeweiligen Kunden bereit (vgl. Gorin *et al.* (2006) [106]). Weiter liefert der Steuerungsprozess Daten über den Zeitpunkt der Schließung einer Buchungsklasse, die Entwicklung von Überbuchungslimits, vergangene Preise und Promotionsaktivitäten. Zudem geben Computerreservierungssysteme Auskunft über Tarife, Verfügbarkeit und Buchungsmöglichkeiten von Konkurrenzanbietern sowie über Marktanteile.

Bezüglich des Datendesigns ist zunächst die Frage einer parametrischen oder nichtparametrischen Voraussage zu beantworten. Die Schätzung einer Wahrscheinlichkeitsfunktion der zukünftigen Nachfrage oder der Nachfrage als eine Funktion von Preisvariablen oder Produktattributen kann damit auf zwei Arten durchgeführt werden: Es kann eine spezifische funktionale Form angenommen und deren Parameter geschätzt werden (Parameterschätzung). Alternativ können die Verteilungen und Funktionen direkt ohne die Annahme einer als a priori bekannten funktionalen Form geschätzt werden (nichtparametrische Schätzung).
Weiter ist zu differenzieren zwischen verschiedenen Aggregationslevels. Beispielsweise bepreisen Airlines ihre Produkte innerhalb einer Buchungsklasse aufbauend auf Tarifen mit einer großen Anzahl an tarifbasierten Codes. Kapazitäten werden jedoch auf Buchungsklassenlevel gesteuert. Es stellt sich damit die Frage, ob Nachfragevorhersagen für jedes Tarifprodukt oder auf Basis von Buchungsklassen erforderlich sind. Eine weitere Schwierigkeit entsteht in Netzwerk-Anwendungen, bei dem das Optimierungssystem eine Prognose der Nachfrage für jedes Netzwerk-Produkt, als Angebot bestehend aus einer Kombination mehrerer Ressourcen, benötigt. Viele Reservierungssysteme sammeln allerdings keine Werte auf diesem Aggregationsniveau. So sind im Airlinefall verlässliche Daten oft nur für einzelne Flüge verfügbar und es müssen heuristisch teilflugbasierte Voraussagen auf Origin-Destination-Produktlevel disaggregiert werden (siehe Talluri/van Ryzin (2004a) [208], S. 417f).
Beim Aggregationsniveau kann weiter unterschieden werden zwischen Bottom Up- und Top Down-Vorhersagen. Bei einem Bottom Up Forecast werden Größen zu einem detaillierten Level vorhergesagt, um sogenannte Subforecasts zu erzeugen. Der eigentliche Forecast wird dann konstruiert, indem diese detaillierten Subforecasts in geeigneter Weise aggregiert werden. In einer Top Down-Strategie werden Vorhersagen zu einem hohen Aggregationslevel gemacht, sog. Superforecasts. Aus diesen wird dann durch eine Disaggregierung bis zum Grad der benötigten Detaillierung eine Endprognose konstruiert (vgl. Talluri/van Ryzin (2004a) [208], S. 418).
Ausgehend von diesen Überlegungen, die sich vornehmlich aus Fragestellungen des Revenue Managements ergeben, findet sich in Talluri/van Ryzin (2004a) [208], S. 419-473 eine ausführliche Darstellung von Schätzmethoden, die al-

lerdings nicht Gegenstand dieser Arbeit sein sollen. Abschließend bleibt jedoch festzuhalten, dass die Aufgabe des gesamten Forecasting-Systems darin besteht, rohes Datenmaterial in verwertbare Marktinformation zu verwandeln, um optimale Entscheidungen des Revenue Managements zu treffen (vgl. van Ryzin (2005) [215], S. 204).

Kapitel 3

Das Netzwerk-Problem im Revenue Management

Das Netzwerk-Problem stellt einen wichtigen Forschungsbereich des Revenue Managements innerhalb der letzten Jahrzehnte dar (vgl. Chiang *et al.* (2007) [52]). Die grundsätzliche Problematik besteht in der beträchtlichen Komplexität, die aus der Nutzung mehrerer Ressourcen in unterschiedlichem Umfang resultiert. So kann im Airlinebereich das Leistungsangebot aus einem einzelnen Flug bzw. aus einer Verbindung, die sich aus mehreren Teilflügen zusammensetzt, bestehen.

Im folgenden Kapitel werden Anwendungsgebiete sowie in der Literatur betrachtete Netzwerktypen beschrieben. Den Hauptteil bildet die Untersuchung von Lösungsmöglichkeiten für eine Kapazitätssteuerung. Neben der exakten Lösungsmethode mittels dynamischer Optimierung werden Näherungsverfahren vorgestellt, analysiert und diskutiert.

3.1 Grundsätzliche Problemstellung

Komplexe Beziehungen zwischen Angebot und dafür notwendigen Ressourcenkapazitäten finden sich in vielen Industriezweigen des Revenue Managements wieder (vgl. Kapitel 2.2.3). Die grundlegende Problematik einer Optimierung in Netzen soll zunächst dieses erste Beispiel veranschaulichen.

Beispiel:

Eine Ressourcenstruktur aus dem Airlinebereich, bestehend aus zwei (Teil-) Flügen und drei Flughäfen FH1, FH2 und FH3, ist in Abbildung 3.1 dargestellt:

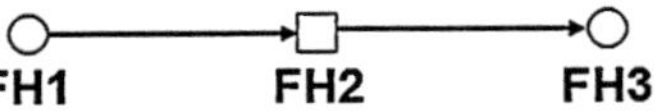

Abbildung 3.1: Netzwerk mit zwei Flügen.

Als Verbindungen bzw. Strecken können Flüge von FH1 nach FH2 (FH1-FH2), von FH2 nach FH3 (FH2-FH3) und eine von FH1 über FH2 nach FH3 (FH1-FH2-FH3), bestehend aus zwei Teilflügen sowie Zwischenstopp bzw. Umsteigen in Flughafen FH2, angeboten werden. Angenommen, es werden jeweils zwei Preisklassen (1 und 2) offeriert (vgl. Tabelle 3.1), so ergeben sich insgesamt sechs Produkte: FH1-$FH2_1$, FH1-$FH2_2$, FH2-$FH3_1$, FH2-$FH3_2$, FH1-FH2-$FH3_1$, FH1-FH2-$FH3_2$.

Klasse/Verbindung	FH1-FH2	FH2-FH3	FH1-FH2-FH3
Klasse 1	200	400	500
Klasse 2	120	300	350

Tabelle 3.1: Preise in Geldeinheiten (GE) für Verbindungen und zugehörige Klassen.

Unter der Annahme, dass Strecke FH1-FH2 eine Restkapazität von einem Sitzplatz in der ersten Klasse hat und bei Strecke FH2-FH3 die Nachfrage nicht zur vollen Belegung der Plätze ausreicht, ergibt sich folgendes Szenario:
Bei Annahme einer eintreffenden Anfrage für die 1. Klasse von FH1-FH2 (FH1-$FH2_1$) fällt dieser letzte Platz für die 1. Klasse von Verbindung FH1-FH2-FH3 (FH1-FH2-$FH3_1$) weg. Somit kann keine Anfrage für FH1-FH2-$FH3_1$ angenommen werden. Bei der gegebenen Preisstruktur von Tabelle 3.1 entgehen dem Anbieter 500-200=300 GE (falls eine Anfrage für FH1-FH2-$FH3_1$ noch eingehen würde) bzw. 350-200=150 GE (falls eine Anfrage für FH1-FH2-$FH3_2$ erfolgen würde und man auf der Teilstrecke FH1-FH2 dem/der Mitfliegenden den Platz in der 1. Klasse zum Preis der 2. Klasse berechnen würde). Bei einer Entscheidung über die Annahme oder Ablehnung einer Anfrage für FH1-$FH2_1$ müsste deshalb der sicher zu realisierende Revenue von 200 GE verglichen werden mit der Wahrscheinlichkeit, den vorhandenen Ressourcenbedarf zu einem Preis von 500 GE oder 350 GE verkaufen zu können.

Schon dieser einfache Sachverhalt verdeutlicht, dass eine Steuerung basierend auf Einzelflügen in Flugnetzen bei Nichtberücksichtigung vorhandener Netzstrukturen zur Minderung des erzielten Gesamterlöses führen kann. Solche sogenannten Netzeffekte können im Allgemeinen immer dann auftreten, wenn Kunden Ressourcen in Kombination nachfragen. Sie sollten daher im Rahmen der Kapazitätssteuerung berücksichtigt werden (vgl. Curry (1990) [63]). Die Anwendung der in Kapitel 2.3.3.1 vorgestellten EMSR-Verfahren ist in diesem Fall aufwändiger, da hierfür eine eindeutige Hierarchie von Produkten bezüglich des gesamten Netzwerkes definiert werden muss (vgl. dazu auch Abschnitt 3.4.2.3 in den folgenden Ausführungen).

Im Falle einer Airline geht es dabei um die Steuerung von Kapazitäten für eine Menge von Flugverbindungen (engl. Flight Connections) innerhalb eines Netzwerkes, in dem das Produktangebot aus Einzelflügen (engl. Single Legs) oder einer Kombination aus Einzelflügen (Multi Legs) bestehen kann (vgl. Klein/Steinhardt (2008) [135], S. 92). Dementsprechend setzt sich ein Produkt aus einer Kombination aus Verbindung und Buchungsklasse zusammen, im Englischen als Origin–Destination Itinerary Fare Class Combination (ODIF) bezeichnet (vgl. Fiig *et al.* (2010) [89]). Eine entsprechende Steuerung wird auch als O&D (Origin–Destination) Control oder Passenger Mix-Problem bezeichnet, um auszudrücken, dass innerhalb eines bestimmten Legs Passagiere nur den einzelnen Flug (engl. Local Demand) oder diesen als Teil einer Rundreise (engl. Connecting Demand) gebucht haben (vgl. Talluri/van Ryzin (2004a) [208], S. 81).

Length of Stay Control beschreibt eine ähnliche Problemstellung bei Anwendungen im Hotelgewerbe. Die Ressource stellt dabei die Übernachtung in einem Zimmer einer bestimmten Kategorie dar. Kunden mit einer einzigen Übernachtung konkurrieren dabei unter Umständen mit Gästen, die dieses Zimmer zwei oder mehrere Tage buchen möchten.

Wenn Produkte als Bundles verkauft werden, kann die beschränkte Kapazität einer Ressource den Verkauf als Bundle unmöglich machen. Deshalb gibt es Abhängigkeiten zwischen einzelnen Ressourcen, die in geeigneter Weise berücksichtigt werden müssen. Im Folgenden soll der Ausdruck Network Revenue Management verwendet werden, obwohl der Begriff nicht unbedingt korrekt ist. So treten bereits bei einer einfachen linearen Ressourcenstruktur, wie im Einführungsbeispiel, die beschriebenen Netzeffekte auf und sind daher bei einer Optimierung im Revenue Management zu beachten (vgl. Talluri/van Ryzin (2004a) [208], S. 81).

Die Berücksichtigung von Netzeffekten kann sowohl Vor- als auch Nachteile mit sich bringen. Abhängig von der Art des Netzwerkes werden bei mittlerem

Loadfactor[1] Revenue-Verbesserungen von 1.5% und bei hohem von bis zu 3% erwartet (siehe Talluri/van Ryzin (2004a) [208], S. 82). Phillips (2005) [176], S. 178, spricht von einer Steigerung des Revenues zwischen 0.5% und 1.0% im Vergleich zu einer optimalen Kapazitätssteuerung bei getrennter Betrachtung von Ressourcen mit Berücksichtigung von Overbooking. Diese Ergebnisse haben erhebliche Investitionen in Network Revenue Management des zivilen Luftverkehrs und auch anderer Industriebereiche gerechtfertigt.
Allerdings birgt die Anwendung von Network Revenue Management auch erheblichen Aufwand in der Implementierung und beim methodischen Vorgehen. Zum einen werden die Komplexität und das Volumen der Daten vergrößert, im Besonderen deren Suche, Speicherung und Management. Zum anderen ist die Transformation der Daten vom Single Leg-Fall zum Network-Fall oft schwierig und kostspielig (vgl. Talluri/van Ryzin (2004a) [208], S. 83, zu einer weiteren Diskussion dieser Problematik siehe insbesondere Kimms/Müller-Bungart (2007a) [128]). Weiter bringt es organisatorische Schwierigkeiten mit sich, da eventuell Zugewinne in einem Teil des Netzwerkes durch einen Verlust in einem anderen Teil mehr als kompensiert werden. Vom methodischen Standpunkt aus gesehen kommen Probleme bei der Skalierung der Nachfrage hinzu, da für jedes Produkt im Netzwerk eigens eine Vorhersage gemacht werden muss und diese für kleine Einheiten schwer vorauszusagen ist. Schließlich ist die Optimierung komplexer. Im Single Resource-Fall gibt es eine Reihe von exakten Optimierungsmethoden. Wie in der weiteren Darstellung zu sehen ist, sind exakte Verfahren für den Network-Fall nur theoretisch möglich. Deshalb werden Näherungsverfahren verwendet. Die größte Herausforderung ist dabei, eine Balance zu finden zwischen der Qualität einer Approximierung und der Effizienz der zugrundeliegenden Algorithmen.

3.2 Verschiedene Netzwerktypen

Im Revenue Management bilden, abhängig vom Anwendungsbereich (Luftverkehr, Hotel, Autovermietung, usw.), verschiedene Typen von Netzwerken die Grundlage für das Leistungsspektrum (vgl. Harewood (2008) [110] und Jacobs *et al.* (2010) [116]). In den folgenden beiden Abschnitten 3.2.1 und 3.2.2 werden wichtige Netzwerkstrukturen in dem für die weiteren Ausführungen vorherr-

1 Der Loadfactor beschreibt im Airlinebereich als wichtiges Gütemaß das Verhältnis von Nachfrage zur verfügbaren Kapazität (vgl. Dai *et al.* (2005) [64]).

schenden Airlinebereich vorgestellt. Ein ergänzender Überblick über Netzwerke im Luftverkehr sowie in weiteren Anwendungsgebieten, wie der Hotelindustrie oder beim Autoverleih, ist in Anhang A dargestellt.

3.2.1 Multi Leg-Netzwerke

Abbildung 3.2 gibt ein Netzwerk mit drei Einzelflügen wieder. Dabei ist es möglich, zum einen die einzelnen Flüge (1) und (2) zu buchen (mit der Möglichkeit, beide Flüge zu kombinieren) oder zum anderen die Verbindung von FH1 nach FH3 ohne Umsteigen in Punkt FH2 (FH1-FH3).[2] Es sind damit vier Verbindungen zwischen einem Abflughafen (engl. Origin) und einem Zielflughafen (engl. Destination) möglich (vgl. El-Haber/El-Taha (2004) [76]).

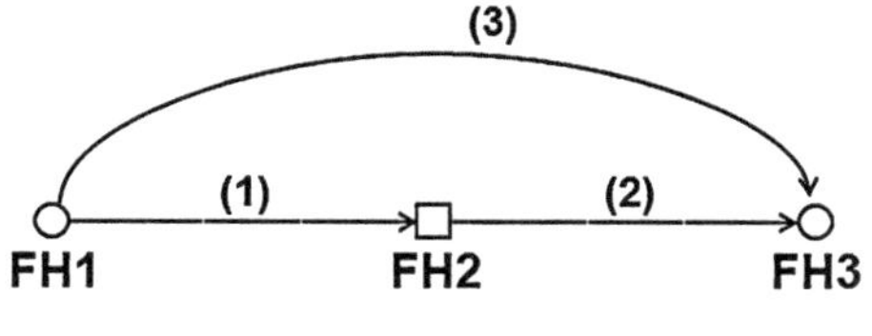

Abbildung 3.2: Netzwerk mit drei Flügen.

Ein etwas komplizierteres Netzwerk geben Abbildungen 3.3 und 3.4 wieder. Abbildung 3.3 zeigt eine physische Darstellung, während 3.4 dasselbe Netz mit Zeitangaben und Umsteigemöglichkeiten darstellt.

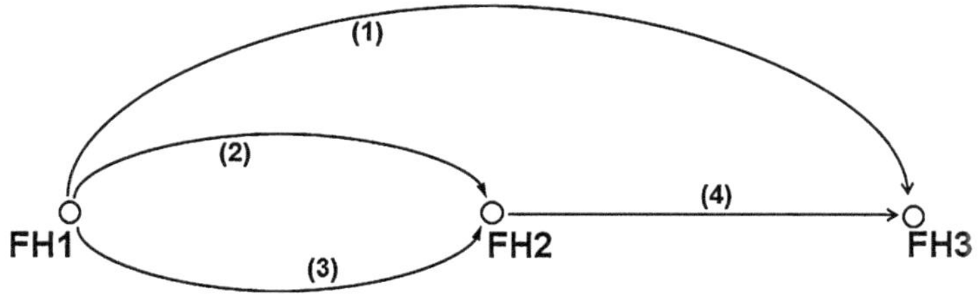

Abbildung 3.3: Netzwerk mit vier Flügen.

Es werden insgesamt vier Flüge (1), (2), (3) und (4) angeboten. Dabei stellen (2), (3) und (4) Kurzstreckenflüge von FH1 nach FH2 bzw. von FH2 nach FH3 dar,

2 In Anhang A wird deutlich, dass solch eine Direktverbindung in Anwendungen der Hotelindustrie oder des Autoverleihs nicht möglich ist.

während (1) einen Langstreckenflug von FH1 nach FH3 wiedergibt. Um also von FH1 nach FH3 zu kommen, kann ein direkter Flug (1) genommen werden oder eine Verbindung mit Umsteigen in FH2, also (2)→(4) oder (3)→(4). Mit vier durchzuführenden Flügen können somit sechs Verbindungen angeboten werden.

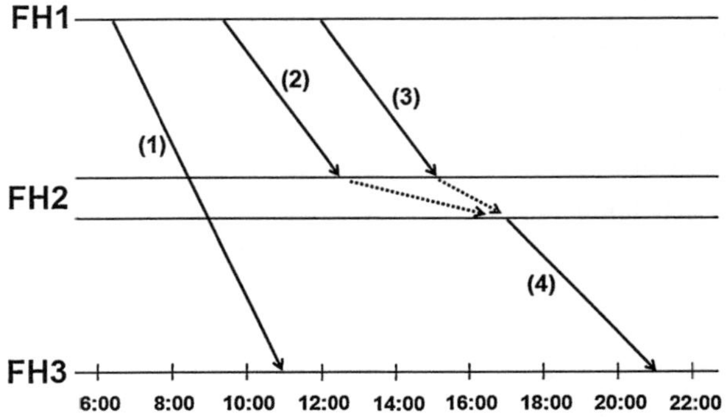

Abbildung 3.4: Lineares Netzwerk mit Zeitangaben und vier Flügen.

In Abbildung 3.4 ist dasselbe Netz mit Zeitangaben innerhalb eines bestimmten Tages dargestellt. Dabei sind mit gepunkteten Pfeilen Zwischenlandungen (bei einer Maschine) bzw. Umsteigemöglichkeiten (zwischen verschiedenen Flugzeugen) in Punkt FH2 gekennzeichnet. Diese Form der Darstellung wird in weiteren Teilen der Arbeit aufgegriffen.

3.2.2 Hub-and-Spoke-Netze

Bei einem Hub-and-Spoke-Netz (entsprechend der deutschen Bezeichnung für die Nabe und die Speichen eines Rades) handelt es sich um ein im Wesentlichen radiales Netz im Airlinebereich, bei dem Flüge (Naben) strahlenförmig zu einem Hub (Speiche) hin- und wegverlaufen (vgl. Feng/Xiao (2001) [86]).
In Abbildung 3.5 ist beispielhaft ein Airline-Netz mit einem (quadratischen) Hub abgebildet. Über diesen Knotenpunkt sind durch zu- und abgehende Flüge fünf (kreisförmige) Spoke Cities verbunden. Ein solches Netz kann durch weitere direkte Verbindungen, die aufgrund hohen Verkehrsaufkommens zwischen zwei Punkten rentabel sind, ergänzt werden (dargestellt durch eine gestrichelte Kante).

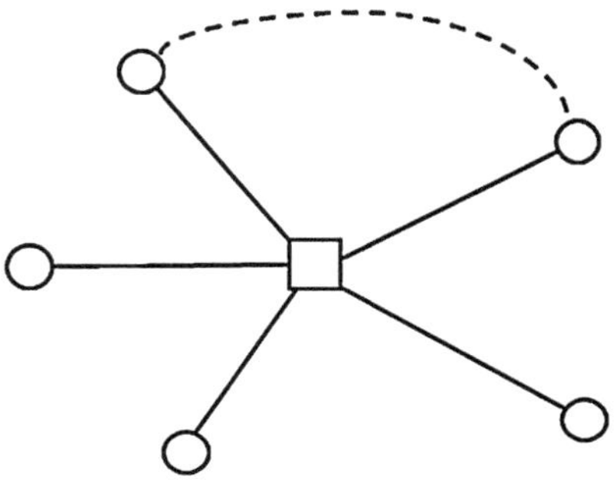

Abbildung 3.5: Hub-and-Spoke-Netz mit einem Hub.

Die Erweiterung um mehrere Hubs (Multi-Hub-Netzwerk) ist in Anhang A dargestellt. Dabei werden durch Hub-Hub-Verbindungen mehrere Netze zusammengefügt (vgl. Talluri (2001) [205]). Diese Anwendung ist bei der Betrachtung von strategischen Allianzen im Airlinebereich von Bedeutung.

Vorteile eines Hub-and-Spoke-Systems sind das Angebot einer Vielzahl von Verbindungen mit nur einer geringen Anzahl an durchzuführenden Flügen sowie die Kostendegression aufgrund der Verdichtung auf wenigen Strecken (vgl. Klein/Steinhardt (2008) [135], S. 93). Ohne die gestrichelte Verbindung können beispielsweise in Abbildung 3.5 mit zehn durchzuführenden Flügen insgesamt 30 Verbindungen angeboten werden, falls angenommen wird, dass auch Verbindungen, bestehend aus zwei Flügen mit Umsteigen im Hub, gebucht werden können.

3.3 Exakte Lösungsmöglichkeit für das Netzwerk-Problem

In diesem Abschnitt wird eine theoretisch mögliche, exakte Methode, die auf einer dynamischen Darstellungsweise basiert, eingeführt. Es wird eine Lösungsmöglichkeit beschrieben und abschließend die Einsetzbarkeit in realen Anwendungen kritisch hinterfragt.

3.3.1 Formulierung als Dynamisches Programm

Gegeben sei ein Revenue Management-Netzwerk bestehend aus einer Menge an Ressourcen $H = \{1, \ldots, |H|\}$, im Falle einer Airline einer Anzahl an Flight Legs, auf die in unterschiedlichem Umfang zugegriffen werden kann.[3] Innerhalb dieser gegebenen Struktur steht eine Menge von Produkten $I = \{1, \ldots, |I|\}$ zum Angebot. Der Absatz einer Mengeneinheit eines Produkts $i \in I$ liefert einen Revenue von r_i. Dabei stellt jedes Produkt eine Kombination aus einer Menge der $|H|$ Flight Legs und einer Leistungs- bzw. Preisklasse dar, die durch bestimmte Servicerestriktionen sowie Abflug- und Landezeiten charakterisiert ist. Dazu ist eine $|H| \times |I|$-Matrix $A = [a_{hi}]$ definiert, die angibt, welche Flight Legs von bestimmten Produkten benötigt werden. Es sei $a_{hi} = 1$, falls Flight Leg $h \in H$ von Produkt $i \in I$ verwendet wird und $a_{hi} = 0$ andernfalls. Es wird unterstellt, dass eine Anfrage nur für einen einzelnen Sitzplatz möglich ist. Die i-te Spalte von A wird mit $\mathbf{a}_i$ bezeichnet und gibt den Inzidenzvektor für Produkt i an, also, auf welche Flight Legs das jeweilige Produkt $i \in I$ zugreift; die h-te Zeile von A wird mit $\mathbf{a}^h$ bezeichnet und hat einen Eintrag 1 in Spalte i, für jedes Produkt i, welches Flight Leg h verwendet. A_i gibt die Menge der Netzressourcen an, die von Produkt i verwendet werden und A^h die Menge der Produkte, die Ressource $h \in H$ verwenden, so dass die Notation $h \in A_i$ dafür steht, dass Ressource h von Produkt i verwendet wird, und $i \in A^h$ bezeichnet, dass Produkt i Ressource h verwendet.

Jede Ressource $h \in H$ hat eine gegebene Anfangskapazität c_h. Die Kapazität der gesamten Netzstruktur ist durch den Spaltenvektor $\mathbf{c} = \left(c_1, \ldots, c_{|H|}\right)^t$ gegeben. Der Rest-Zustand des Netzwerkes innerhalb des Buchungsprozesses ist definiert durch einen Vektor $\mathbf{c}^{Rest} = \left(c_1^{Rest}, \ldots, c_{|H|}^{Rest}\right)^t$ der noch verfügbaren Kapazität der $|H|$ Ressourcen. Falls Produkt $i \in I$ verkauft wird, ändert sich der Zustand des Netzwerkes zu $\mathbf{c}^{Rest} - \mathbf{a}_i$.

Der Buchungszeitraum ist in T diskrete Zeitperioden unterteilt, wobei $t \in T$ die aktuelle Zeitperiode angibt und die Zeit rückwärts gezählt wird, so dass T den Anfangszeitpunkt angibt und $t = 1$ für das Ende des Buchungsprozesses steht. Es wird angenommen, dass in jeder Periode innerhalb des Gesamtzeitraums höchstens eine Nachfrage für ein Produkt ankommen kann; das heißt, dass die Diskretisierung der Zeit so genau ist, dass die Wahrscheinlichkeit für mehr als eine Anfrage vernachlässigbar ist.

---

3 Da speziell dieser Anwendungsfall betrachtet wird, wird im Folgenden von Flügen bzw. Flight Legs ausgegangen.

Bezeichnet $p_t(i)$ die Wahrscheinlichkeit für eine Anfrage nach Produkt $i \in I$ in Periode $t \in T$, dann gilt die Bedingung $\sum_{i=1}^{|I|} p_t(i) \leq 1$. Die Wahrscheinlichkeit $1 - \sum_{i=1}^{|I|} p_t(i)$, dass keine Anfrage in Periode t auftritt, wird mit $p_t(0)$ bezeichnet. Der Buchungszeitraum endet mit der Leistungserstellung.
Die Zufallsvariable D_{it} beschreibt die aggregierte Nachfrage bis Periode t, der Erwartungswert wird mit $\overline{D}_{it}$ bezeichnet.
Zur Bestimmung der optimalen Politik wird eine Wertfunktion $V_t\left(\mathbf{c}^{Rest}\right)$ benötigt, die für jeden möglichen Zustand, definiert durch die Periode t und den Vektor $\mathbf{c}^{Rest}$, den in den verbleibenden Perioden $t, \ldots, 1$ erzielbaren erwarteten Nutzen angibt.
Bei einfachen Anwendungsbeispielen bietet sich eine graphische Darstellung als Entscheidungsbaum sowie eine entsprechende stufenweise Rückwärtsrechnung an. An jedem Entscheidungsknoten ist diejenige Entscheidung zu treffen, die das höchste zu erwartende Ergebnis verspricht, also die Annahme oder Ablehnung einer entsprechenden Anfrage für ein Produkt (vgl. Klein/Steinhardt (2008) [135], S. 98-102). Eine allgemeine Behandlung dieses Sachverhalts folgt in den weiteren Ausführungen.

Nach dieser Vorarbeit lässt sich nun ein stochastisches, dynamisches Optimierungsmodell aufstellen und lösen.
Grundlage der Herangehensweise bildet die Definition der sog. Bellman'schen Funktionalgleichung sowie entsprechender Randbedingungen. Diese Darstellung wurde von Bellman (1957) [24] entwickelt und bildet das Grundprinzip der dynamischen Optimierung. Die Gleichung gibt an, wie sich der Nutzen für einen Zustand in einer Periode aus den Entscheidungen und Zuständen der nachfolgenden Perioden ermitteln lässt (vgl. Bertsekas (2005) [31], S. 19). Ihr Wert entspricht dabei unmittelbar dem der Wertfunktion.

Damit ergibt sich die folgende Funktionalgleichung (vgl. Klein/Steinhardt (2008) [135], S. 102):

$$V_t\left(\mathbf{c}^{Rest}\right) = \sum_{i=1}^{|I|} \left(p_t(i) \cdot max\left\{V_{t-1}\left(\mathbf{c}^{Rest}\right), r_i + V_{t-1}\left(\mathbf{c}^{Rest} - \mathbf{a}_i\right)\right\} + p_t(0) \cdot V_{t-1}\left(\mathbf{c}^{Rest}\right)\right)$$

$$\text{für alle} \quad \mathbf{0} \leq \mathbf{c}^{Rest} \leq \mathbf{c} \quad \text{und} \quad t = 1, \ldots, T \tag{3.1}$$

mit den Randbedingungen:

$$V_t\left(\mathbf{c}^{Rest}\right) = -\infty \quad \text{falls ein} \quad c_h^{Rest} < 0 \quad \text{für} \quad h \in H \tag{3.2}$$

$$V_0\left(\mathbf{c}^{Rest}\right) = 0 \quad \text{für alle} \quad \mathbf{c}^{Rest} \geq \mathbf{0} \tag{3.3}$$

Diese Formulierung lässt sich so erläutern:
Ziel des Entscheidungsproblems ist die Bestimmung einer Politik, welche den erwarteten Gesamtnutzen maximiert. Dieser Gesamtnutzen ermittelt sich auf Stufe T, aber auch auf allen nachfolgenden Stufen $T-1, \ldots, 1$ als Erwartungswert der Teilnutzen der bestmöglichen stufenbezogenen Entscheidung für jede mögliche Anfrage (vgl. (3.1)). Dabei ergibt sich der bestmögliche Teilnutzen für eine Anfrage nach Produkt $i \in I$ jeweils aus dem Maximum des Nutzens bei Annahme $r_i + V_{t-1}\left(\mathbf{c}^{Rest} - \mathbf{a}_i\right)$ bzw. bei Ablehnung $V_{t-1}\left(\mathbf{c}^{Rest}\right)$ der Anfrage. Bei Annahme einer Anfrage wird der Kapazitätsvektor geeignet reduziert, während sich die Kapazität bei Ablehnung nicht verändert.
Den Verkauf von Produkten über die Kapazität der Ressourcen hinaus verhindern die Bedingungen (3.2). Durch sie werden Zustände, die eine Kapazitätsrestriktion verletzen mit $-\infty$ bewertet. Aufgrund dieser Bewertung wird für eine Anfrage nach einem Produkt, das eine bereits vollständig ausgelastete Ressource nutzt, in (3.1) stets die Ablehnung gegenüber der Annahme präferiert.
Die Bedingungen (3.3) bilden den Sachverhalt, dass am Ende von Periode 1 nicht genutzte Kapazitätseinheiten (KE) keinen Nutzen mehr stiften, ab.

3.3.2 Lösung des Dynamischen Programms

Das definierte Optimierungsmodell lässt sich lösen, indem man für sämtliche denkbaren Zustände die Bellman'sche Funktionalgleichung auswertet und damit das zugehörige Ergebnis der Wertfunktion bestimmt. Aufgrund der Struktur von Gleichung (3.1) setzen dabei die Berechnungen auf der Stufe t die vorherige Auswertung der Wertfunktion auf den Stufen $t-1, \ldots, 1$ voraus. Eine entsprechende Betrachtung der Stufen in der Reihenfolge $1, \ldots, T$ wird als Rückwärtsrechnung bezeichnet (vgl. Domschke/Drexl (2007) [71], S. 165).
Die maximale Anzahl an zu betrachtenden Zuständen lässt sich durch $O\left(T \cdot \prod_{h \in H} c_h\right)$ abschätzen. Bei dieser Abschätzung wird unterstellt, dass in jeder Stufe t jede Ressource alle möglichen Ausprägungen annehmen kann und

dass zudem sämtliche Kombinationen dieser Ausprägungen möglich sind. Die tatsächlich zu betrachtende Anzahl wird allerdings deutlich geringer sein, da aufgrund der Koeffizienten a_{hi} sowie der Annahme maximal einer Anfrage pro Periode nicht sämtliche dieser theoretisch möglichen Zustände auftreten können. Allerdings ist es nicht erforderlich, die Annahme- und Ablehnungsentscheidungen zu speichern. Stattdessen ist es ausreichend, die Wertfunktion für alle möglichen Zustände zur Verfügung zu stellen. Über die Annahme oder Ablehnung von Anfragen lässt sich durch Betrachtung von Differenzen der Wertfunktionen möglicher Rest-Zustände entscheiden.

So wird eine Anfrage nach einem Produkt $i \in I$ bei einem Rest-Zustand $\mathbf{c}^{Rest}$ zum Zeitpunkt t angenommen, falls:

$$r_i \geq V_{t-1}\left(\mathbf{c}^{Rest}\right) - V_{t-1}\left(\mathbf{c}^{Rest} - \mathbf{a}_i\right) . \tag{3.4}$$

Die Lösung des dynamischen Programms ist allerdings aufgrund der Vielzahl an möglichen Zustandsvariablen wie der Restkapazität in realen Anwendungen oft nicht praktikabel. Beim Angebot von fünf Flügen mit einer Kapazität von 100 Plätzen ergibt sich die Möglichkeit von 100^5 möglichen Restzuständen, was in der Praxis kaum umzusetzen ist.

Um eine Entscheidung in Echtzeit zu treffen, müssen die jeweiligen Restzustände erneut berechnet werden. Eine Speicherung scheitert am benötigten Speicheraufwand.

3.4 Approximative Verfahren

Aufgrund der in Abschnitt 3.3.2 beschriebenen Komplexität des dynamischen Programms wurden eine Reihe von effektiven und einfach zu implementierenden Näherungsverfahren für die Lösung des Netzwerk-Problems im Revenue Management entwickelt (vgl. Dror *et al.* (1988) [72]).

Dazu ist eine Unterteilung von Steuerungsarten und Optimierungsverfahren erforderlich.

Bezüglich der grundsätzlichen Steuerungsart stellen disjunkte Buchungslimits eine Erweiterung von disjunkten Buchungslimits des Single Leg-Problems dar. Im Netzwerk-Fall geben diese eine Anzahl von Kapazitätseinheiten auf einer Ressource an, die für die Nachfrage nach dem entsprechenden Produkt reserviert ist (vgl. Bertsimas/de Boer (2005a) [32]). Disjunkte Buchungslimits spielen in der Theorie und bezüglich des Rechenaufwands eine entscheidende Rolle. Theoretisch werden sie verwendet, um Schranken für eine Optimallösung zu bestimmen. Vom Rechenaufwand werden sie in vielen Approximationen verwendet, wie bei der Darstellung als deterministisches, lineares Optimierungsproblem.

Eine weitere Möglichkeit stellt die Steuerung mittels Bid Prices dar.
Bedingung (3.4) aus Kapitel 3.3 soll deren Wirkungsweise innerhalb einer dynamischen Steuerung verdeutlichen. So wird eine Anfrage nach Produkt i genau dann angenommen, falls dessen Revenue r_i die Differenz entsprechender Wertfunktionen übersteigt.
Dieser intuitive Gedanke liegt auch einer Steuerung mit Bid Prices zugrunde. Unter der Annahme, dass die Wertfunktion $V_{t-1}(\mathbf{c}^{Rest})$ einen Gradienten $\nabla V_{t-1}(\mathbf{c}^{Rest})$ hat, kann eine Bedingung wie folgt approximiert werden (vgl. Talluri/van Ryzin (2004a) [208], S. 89):

$$\begin{aligned} r_i \geq V_{t-1}\left(\mathbf{c}^{Rest}\right) &- V_{t-1}\left(\mathbf{c}^{Rest} - \mathbf{a}_i\right) \\ &\approx \nabla V_{t-1}\left(\mathbf{c}^{Rest}\right) \cdot \mathbf{a}_i \\ &= \sum_{h \in A_i} \pi_{ht}\left(\mathbf{c}^{Rest}\right) \end{aligned} \tag{3.5}$$

wobei $\pi_{ht}\left(\mathbf{c}^{Rest}\right) = \frac{\partial}{\partial c_h^{Rest}} V_{t-1}\left(\mathbf{c}^{Rest}\right)$ für die partiellen Ableitungen steht.

Für eine entsprechende Steuerung wird ein Schwellenwert – oder Bid Price – für jede Ressource im Netzwerk benötigt. Ein Bid Price stellt eine Schätzung der marginalen Kosten, um eine weitere zusätzliche Einheit der Ressourcenkapazität zu verbrauchen, dar und kann damit als eine Bewertung von Ressourcen im gesamten Netzwerkverbund gesehen werden. Wenn eine Anfrage für ein Produkt ankommt, wird der Revenue der Anfrage mit der Summe der Bid Prices benötigter Ressourcen verglichen. Falls dieser Revenue die Summe der Bid Prices übersteigt, wird die Anfrage angenommen, andernfalls abgelehnt.
Bid Prices wurden im Network Revenue Management von Simpson (1989) [195] eingeführt und deren Performance im Vergleich zu einer Steuerung mit Buchungslimits in Simulationsumgebungen getestet (vgl. Williamson (1992) [225], Talluri/van Ryzin (1998) [206] und Talluri/van Ryzin (1999) [207]). Weitere Arbeiten beschäftigen sich mit einer alternativen Berechnung von Bid Prices (siehe dazu Adelman (2007) [2], Higle (2007) [111], Klein (2007) [134], Topaloglu (2008) [212], Topaloglu (2009) [213], Kunnumkal/Topaloglu (2010b) [141] und Kunnumkal/Topaloglu (2011) [142]).

Neben der Steuerungsart lassen sich bezüglich der verwendeten Optimierung verschiedene Verfahren unterteilen (vgl. Abbildung 3.6).

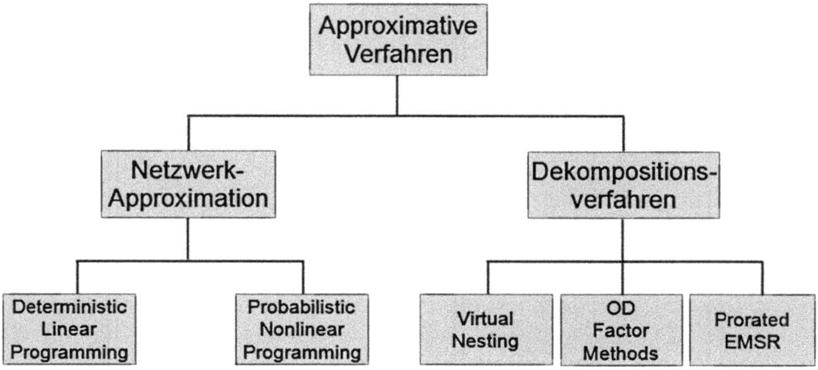

Abbildung 3.6: Approximative Verfahren im Überblick.

Eine Möglichkeit der Approximation wird in Abschnitt 3.4.1 mit einer vereinfachten Netzwerkdarstellung beschrieben. Dazu werden Ersatzmodelle, die Netzwerkinformationen widerspiegeln, aufgestellt und gelöst (vgl. Chiang *et al.* (2007) [52]).

Eine andere Idee wird in Abschnitt 3.4.2 mit Dekompositionsverfahren vorgestellt. Diese versuchen, das Netzwerk in einzelne Legs zu zerlegen, um anschließend innerhalb dieser isoliert bekannte Single Leg-Methoden anzuwenden. Die entscheidende Herausforderung besteht in der Notwendigkeit, bei der Zerlegung Netzwerkinformation abzubilden (vgl. Erdelyi/Topaloglu (2011) [81]).

3.4.1 Approximation als Netzwerkmodell

Bei der Approximation als Netzwerkdarstellung wird das Netzwerk als lineares oder nichtlineares bzw. stochastisches oder deterministisches Ersatzmodell dargestellt. In diesen Ersatzmodellen sind, im Vergleich zur exakten Darstellung, vereinfachte Netzinformationen enthalten.

3.4.1.1 Deterministic Linear Programming

Die erste Näherung besteht in der Darstellung des Netzwerkes als ein deterministisches, lineares Programm. Dabei bedeutet deterministisch, dass unsichere Parameter durch erwartete Werte ersetzt werden.

Das deterministische, lineare Programm (DLP) für den grundlegenden Fall des Netzwerk-Revenue Managements hat folgende Gestalt (vgl. Simpson (1989) [195], Williamson (1992) [225] sowie Klein/Steinhardt (2008) [135], S. 110):

$$(\boldsymbol{DLP}_t) \qquad \begin{aligned} max \quad & \sum_{i \in I} r_i \cdot x_i && (3.6) \\ s.t.: \sum_{i \in I} & a_{hi} \cdot x_i \leq c_h \quad \forall h \in H && (3.7) \\ & x_i \leq \overline{D}_{it} \quad \forall i \in I && (3.8) \\ & x_i \geq 0 \quad \forall i \in I && (3.9) \end{aligned}$$

Die Zielfunktion (3.6) maximiert den erwarteten Revenue. Während die Nebenbedingungen (3.7) die Einhaltung der Kapazitätsbeschränkungen für die Ressourcen c_h sichern, stehen (3.8) und (3.9) für eine zum Zeitpunkt t erwartete obere Schranke und für die Nichtnegativität der Anzahl angenommener Produkte.

Der Vorteil der Modellierung liegt in der leichten Lösbarkeit des Modells aufgrund der linearen Darstellung der Zielfunktion und der Nebenbedingungen (vgl. Pölt (1998) [177]). Es stellt die Grundlage von vielen Steuerungsmechanismen dar und kann relativ einfach um inhaltliche Aspekte erweitert werden (siehe dazu Abschnitt 3.5).

3.4.1.2 Probabilistic Nonlinear Programming

Das Probabilistic Nonlinear Programming-Modell (PNLP) berücksichtigt die der Nachfrage innewohnende Unsicherheit und beschreibt das Netzwerk durch ein nichtlineares Optimierungsproblem.

Es kann formal auf diese Weise dargestellt werden (vgl. Talluri/van Ryzin (2004a) [208], S. 95):

$$(\boldsymbol{PNLP}_t) \qquad \begin{aligned} max \quad & \sum_{i \in I} r_i \cdot E\left[min\left\{D_{it}, x_i\right\}\right] && (3.10) \\ s.t.: & \sum_{i \in I} a_{hi} \cdot x_i \leq c_h \quad \forall h \in H && (3.11) \\ & x_i \geq 0 \quad \forall i \in I && (3.12) \end{aligned}$$

Die Zielfunktion (3.10) maximiert den erwarteten Gesamtrevenue, d.h. die Summe der erwarteten Absatzmengen multipliziert mit den produktspezifischen

Nutzen. Der Term $E\left[min\left\{D_{it}, x_i\right\}\right]$ entspricht dabei der erwarteten Anzahl verkaufter Produkte i als Minimum aus bereitgestelltem Kontingent x_i und erwarteter Nachfrage D_{it}. Entsprechend der DLP-Modellierung aus Abschnitt 3.4.1.1 stehen (3.11) und (3.12) für die Kapazitätsrestriktionen sowie die Nicht-negativität der Kontingente x_i.
Auch wenn es sich dabei nicht um ein lineares Programm handelt, existieren für dieses (PNLP) effiziente Verfahren. Dies liegt an der konkaven Zielfunktion mit teilbaren Variablen sowie den linearen Nebenbedingungen.
Das (PNLP) lässt sich jedoch auch in ein lineares, binäres Modell, bezeichnet mit Probabilistic Binary Linear Programming (PBLP), überführen. Da es sich bei der unsicheren Nachfrage nach einem Produkt grundsätzlich um eine diskrete Größe handelt, kann die Zufallsvariable D_{it} durch eine diskrete Verteilung beschrieben werden (vgl. dazu Wollmer (1986) [226]).
Zu diesem Zweck müssen zunächst eine Reihe weiterer Variablen eingeführt werden (vgl. im Folgenden Klein/Steinhardt (2008) [135], S. 107f). Eine Variable z_{ie} steht für jede potenziell absetzbare Mengeneinheit (ME) eines Produktes i. Dabei erhält z_{ie} den Wert 1, falls das Kontingent von Produkt i mindestens e ME beträgt, andernfalls 0. Die möglichen Werte von e sind nach oben in geeigneter Weise zu beschränken. So bezeichnet N_i eine obere Schranke für die maximale Anzahl von absetzbaren Mengeneinheiten von Produkt i, z.B. durch $N_i = min\left\{\lceil c_h/a_{hi}\rceil \,|h \in A_i\right\}$, wobei der Ausdruck $\lceil c_h/a_{hi}\rceil$ die kleinste ganze Zahl größer oder gleich c_h/a_{hi} bezeichnen soll. Im Airlinebereich entspricht der Wert N_i der minimalen Kapazität an Sitzplätzen über alle von Produkt i genutzten Flüge.
Damit kann das (PNLP) alternativ als binäres, lineares Modell (PBLP) wie folgt dargestellt werden (vgl. Talluri/van Ryzin (2004a) [208], S. 96):

$$(\boldsymbol{PBLP_t})$$

$$max \quad \sum_{i\in I} r_i \sum_{e=1}^{N_i} z_{ie} \cdot P\left(D_{it} \geq e\right) \tag{3.13}$$

$$s.t.: \quad x_i = \sum_{e=1}^{N_i} z_{ie} \qquad \forall i \in I \tag{3.14}$$

$$\sum_{i\in I} a_{hi} \cdot x_i \leq c_h \qquad \forall h \in H \tag{3.15}$$

$$z_{ie} \in \{0,1\} \qquad \forall i \in I, e \in N_i \tag{3.16}$$

$$x_i \geq 0 \qquad \forall i \in I \tag{3.17}$$

Durch die Bedingungen (3.14) berechnet sich das Kontingent x_i für ein Produkt i als Summe der Variablen z_{ie}. Dabei nehmen bei einem Kontingent von x_i ME im Rahmen der Maximierung die Variablen z_{ie} mit $e = 1, \ldots, x_i$ den Wert 1 an, da die Wahrscheinlichkeit $P(D_{it} \geq e)$ und damit die Bewertung der z_{ie} in der Zielfunktion mit wachsendem e sinkt. Die Nebenbedingungen (3.15) repräsentieren die Kapazitätsrestriktionen. Durch (3.16) erfolgt die Definition der z_{ie} als Binärvariablen. Schließlich stellen (3.17) die Nichtnegativität der Entscheidungsvariablen sicher. Die erwartete Anzahl an abgesetzten ME bei einem Kontingent der Größe x_i beträgt $\sum_{e=1}^{N_i} z_{ie} \cdot P(D_{it} \geq e)$. Entsprechend ermittelt Zielfunktion (3.13) den erwarteten Gesamtrevenue als Produkt aus dem Nutzen für jedes Produkt i und der erwarteten Absatzmenge.
Eine offensichtliche Schwäche des (PBLP) besteht in der großen Anzahl an Entscheidungsvariablen. Dieser Nachteil bleibt auch bestehen, wenn in den Forderungen (3.16) $z_{ie} \in \{0, 1\}$ durch $0 \leq z_{ie} \leq 1$ ersetzt wird (vgl. Klein/Steinhardt (2008) [135], S. 108). Aufgrund dieser Tatsache und der einfachen Struktur des nichtlinearen Pendants ist es oft effizienter, das PNLP direkt als nichtlineares Programm zu lösen (vgl. Talluri/van Ryzin (2004a) [208], S. 96).

Ein weiterer zu diskutierender Aspekt ist die Forderung der Ganzzahligkeit für die Kontingente x_i (vgl. Klein/Steinhardt (2008) [135], S. 107f). Während in bestimmten Industrien wie Fracht oder Auftragsfertigung nicht ganzzahlige Beträge möglich sind, nimmt die Anzahl an Sitzen in einem Flieger nur diskrete Werte an. Auf eine entsprechende ganzzahlige Modellformulierung wird in den folgenden Kapiteln 4 und 5 näher eingegangen.

3.4.2 Dekompositionsverfahren

Eine Klasse von Verfahren basiert auf einer Zerlegung (Dekomposition) des Netzwerkproblems in einzelne, ressourcenbasierte Probleme. Diese Teilprobleme werden zwar isoliert voneinander gelöst, integrieren jedoch entsprechende Netzinformationen (vgl. Talluri/van Ryzin (2004a) [208], S. 100f).
Formal kann von einer Zerlegung des Netzes in $|H|$ Single Leg-Probleme ausgegangen werden, für die eine Methode $Meth_h$ in Leg h angewendet wird. Diese Anwendung liefert eine Wertfunktion $V_t^{Meth_h}\left(c_h^{Rest}\right)$, abhängig von der noch verfügbaren Zeit t und der verbleibenden Kapazität c_h^{Rest} von Leg h. Damit wird die Wertfunktion approximiert durch (vgl. Talluri/van Ryzin (2004a) [208], S. 100)

$$V_t\left(\mathbf{c}^{Rest}\right) = \sum_{h=1}^{|H|} V_t^{Meth_h}\left(c_h^{Rest}\right). \tag{3.18}$$

Für die Anwendung von $Meth_h$ in Ressource h werden häufig die in Abschnitt 2.3.3.1 vorgestellten EMSR-Verfahren verwendet. Dabei gibt es verschiedene Möglichkeiten, durch angepasste Revenues bzw. Opportunitätskosten notwendige Netzinformationen wiederzugeben.

3.4.2.1 Approximation mittels Virtual Nesting

Ein auf Dekomposition basierendes Näherungsverfahren stellt die Steuerung mit künstlich erzeugten (virtuellen) Buchungsklassen dar. Virtual Nesting, so die englische Bezeichnung, wurde Ende der 1980er-Jahre im Rahmen eines Projektes bei American Airlines entwickelt und eingesetzt (vgl. Smith/Penn (1988) [196] und Smith *et al.* (1992) [197], sowie zu einer weiteren Betrachtung van Ryzin/Vulcano (2008) [217]). Motivation dafür waren die Berücksichtigung auftretender Netzeffekte bei gleichzeitiger Beibehaltung geschachtelter Strukturen, die einer bis zu diesem Zeitpunkt bei American Airlines vorherrschenden teilflugbasierten Optimierung zugrundelagen.

Im Zuge einer Steuerung mit Virtual Nesting werden in einem ersten Schritt eine Menge von virtuellen Klassen (engl. Buckets), die nicht nur einen einzelnen Tarif, sondern einen Intervallbereich mit mehreren Tarifen repräsentieren, auf jedem Leg definiert. Dementsprechend ist die Anzahl dieser Klassen meist viel geringer als die Anzahl ursprünglich existierender Klassen auf dem entsprechenden Leg. In einem zweiten Schritt werden angebotene Netzwerk-Produkte genau einem Bucket auf jedem verwendeten Leg zugeordnet. Die Grundlage dieses Zuordnungsverfahrens bildet der Netzwert des Produkts, so dass jedes Bucket Produkte mit ähnlichem Netzwert enthält (vgl. Phillips (2005) [176], S. 189).

Nach diesen Vorarbeiten werden mit einem Single Leg-Verfahren Buchungslimits bzw. geschützte Kontingente für Buckets innerhalb jeder Ressource des Netzwerkes bestimmt (vgl. Abschnitt 2.3.3.1). Falls die Buckets in allen Ressourcen, welche das entsprechende Produkt betreffen, verfügbar sind, wird eine Anfrage nach dem Netzwerk-Produkt angenommen. Falls mindestens ein Bucket geschlossen ist, wird die Anfrage abgelehnt.

Im Allgemeinen läuft eine Steuerung mittels Virtual Nesting in den folgenden drei Stufen ab (vgl. Phillips (2005) [176], S. 191):

- Initialisierung:
  Es wird ein Indexing entwickelt, welches jedes Netzprodukt i in Klassen (engl. Buckets) auf jeder von i verwendeten Ressource $h \in A_i$ abbildet. Für jedes Bucket werden der Mittelwert und die Standardabweichung der gesamten vorhergesagten Nachfrage bestimmt.
  Mit einem Single Leg-Verfahren $Meth_h$ werden Buchungslimits und geschützte Kontingente für jedes Bucket innerhalb jeder Ressource h bestimmt.[4]
- Buchungssteuerung:
  Eine Buchungsanfrage für ein Produkt i wird dann angenommen, wenn ein genügendes Kontingent in jedem dem Produkt i zugeordneten Bucket auf allen Legs $h \in A_i$ vorhanden ist, andernfalls abgelehnt.
  Im Falle einer Buchungsannahme wird das Bucket-Kontingent auf allen Legs des gebuchten Produkts reduziert, nach einer Stornierung entsprechend erhöht.
- Reoptimierung:
  Basierend auf aktualisierten Nachfrageprognosen und verbleibender Restkapazität auf jeder Ressource h wird nach bestimmten Zeitabschnitten ein ressourcenbasiertes Verfahren $Meth_h$ durchgeführt, um erneut geschachtelte Buchungslimits und geschützte Kontingente für jedes Bucket zu berechnen.

Die entscheidende Aufgabe von Virtual Nesting ist die Abbildung von Netzeffekten durch einen Indexingprozess. Sowohl die Art des gewählten Indexingverfahrens als auch die Häufigkeit einer Reoptimierung beeinflussen nicht nur den zusätzlich realisierbaren Erlös, sondern auch die Komplexität des gesamten Revenue Management-Systems.
Eine naheliegende Methode ist die Zuordnung von Netzprodukt i zu Buckets auf jedem Leg $h \in A_i$, basierend auf dem Gesamtrevenue r_i des Angebots. Allerdings liefert dieses von Phillips (2005) [176], S. 192, als „Greedy-Heuristik" bezeichnete Vorgehen im Allgemeinen keine optimale Lösung, da Opportunitätskosten OK_l auf Ressourcen $l \neq h$ außer Acht gelassen werden. Ein Netzprodukt

4 Vergleiche dazu beispielsweise eine Berechnung mit den in 2.3.3.1 vorgestellten EMSR-Verfahren.

mit hohem Tarif, jedoch hohen Opportunitätskosten bezüglich anderer Legs ist unter Umständen weniger hoch einzustufen, als ein Produkt mit geringerem Tarif aber keinen Opportunitätskosten auf den anderen Legs (vgl. Phillips (2005) [176], S. 192).

Dementsprechend wird eine als Netto Leg Fare (NLF_{ih}) eines Produktes i auf Leg h bezeichnete Größe wie folgt definiert (vgl. Talluri/van Ryzin (2004a) [208], S. 104):

$$NLF_{ih} = r_i - \sum_{l \in A_i, l \neq h} OK_l \qquad \forall i \in I, h \in H \tag{3.19}$$

Dieser Nettotarif berechnet sich gemäß Formel (3.19) als Differenz aus Gesamttarif r_i und Summe der Opportunitätskosten OK_l auf allen anderen von Produkt i verwendeten Ressourcen. Es ist ein lokales Maß für den Netzwert eines Produktes i bezüglich Leg h.
Dabei werden Opportunitätskosten für jede Ressource häufig basierend auf historischen Daten geschätzt. Wenn Produkte einer Ressource kaum nachgefragt werden, sind die Opportunitätskosten gering, bei regelmäßigem Ausverkauf der Ressource entsprechend hoch. Zur Schätzung zukünftiger Opportunitätskosten existieren eine Reihe von Verfahren. So kann ein Durchschnittswert vergangenheitsbezogener Opportunitätskosten gebildet werden oder der Zeitanteil berechnet werden, zu dem eine Ressource ausverkauft wird, um die mittleren Opportunitätskosten einer Ressource bei Ausverkauf zu bestimmen. Diese Prognosen werden in gewissen Zeitabständen aktualisiert, sodass bei einer Virtual Nesting-Steuerung im Airlinebereich der entsprechende Indexing-Prozess im Drei- bis Viermonatsrhythmus neu durchgeführt wird (vgl. Phillips (2005) [176], S. 194).

Ein konkretes Anwendungsbeispiel soll das eben beschriebene Vorgehen verdeutlichen.

Beispiel:

Als Erweiterung des Einführungsbeispiels aus Abschnitt 3.1 soll (siehe Abbildung 3.1, Tabelle 3.1) nun eine denkbare Zuordnung der sechs Netzwerkprodukte zu jeweils drei virtuellen Klassen (Buckets) auf den beiden angebotenen Flügen (Legs) FH1-FH2 und FH2-FH3 beschrieben werden.
Die Opportunitätskosten auf Flug FH1-FH2 seien mit 120 und auf Flug FH2-FH3 mit 0 gegeben. Entsprechend den vorigen Ausführungen stehen aufgrund

noch weniger freier Plätze hohe Opportunitätskosten für eine größere Knappheit. Im Gegensatz dazu steht ein Wert von 0 für eine Ressource, bei der die Nachfrage nicht zur vollen Auslastung der Sitzplatzkapazität ausreicht.
Mit diesen gegebenen Werten sowie den bekannten Preisen gemäß Tabelle 3.1 können die Buckets gemäß des Nettotarifes (NLF_{ih}) wie folgt definiert werden:

Bei Flug FH1-FH2:

- Bucket 1: $\text{NLF}_{1\,(FH1-FH2)} \geq 400$,
- Bucket 2: $200 \leq \text{NLF}_{2\,(FH1-FH2)} < 400$,
- Bucket 3: $\text{NLF}_{3\,(FH1-FH2)} < 200$.

Bei Flug FH2-FH3:

- Bucket 1: $\text{NLF}_{1\,(FH2-FH3)} \geq 400$
- Bucket 2: $300 \leq \text{NLF}_{2\,(FH2-FH3)} < 400$
- Bucket 3: $\text{NLF}_{3\,(FH2-FH3)} < 300$

Produkt	Gesamt-revenue	NLF auf FH1-FH2	Bucket auf FH1-FH2	NLF auf FH2-FH3	Bucket auf FH2-FH3
FH1-FH2_1	200	200	2	–	
FH1-FH2_2	120	120	3	–	
FH2-FH3_1	400	–		400	1
FH2-FH3_2	300	–		300	2
FH1-FH2-FH3_1	500	500	1	380	2
FH1-FH2-FH3_2	350	350	2	230	3

Tabelle 3.2: Indexing angebotener Netzwerk-Produkte.

Tabelle 3.2 zeigt, wie die sechs verschiedenen Netzwerkprodukte den Buckets in den benötigten Flügen zugeordnet werden. Eine entsprechende graphische Darstellung gibt Abbildung 3.7. In diesem Fall wird die Verbindung mit Umsteigen FH1-FH2-FH3_1 in Bucket 1 auf Flug FH1-FH2, in Bucket 2 jedoch auf Flug FH2-FH3 zugeordnet. Dies bedeutet, dass Passagiere in FH1-FH2-FH3_1 gesamten Zugriff auf die Kapazität von Flug FH1-FH2 haben, jedoch in FH2-FH3 nur Zugriff auf Kapazität von Bucket 2.

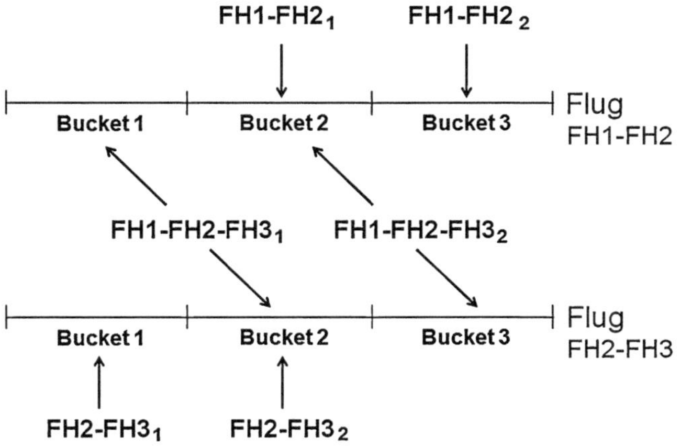

Abbildung 3.7: Zuordnung von realen zu virtuellen Klassen (Buckets).

In diesem Beispiel wird die Anzahl an Tarifklassen in beiden Legs von vier auf drei Klassen reduziert. Diese Reduktion ist besonders auffallend bei mehreren Ressourcen und einer großen Anzahl angebotener Produkte. Damit wird die Komplexität reduziert, ohne vorhandene Netzeffekte außer Acht zu lassen.

3.4.2.2 OD Factor Methods

Als zweites Dekompositionsverfahren wird das Prinzip von Origin-Destination Factor Methods, oder kurz OD Factor Methods, erläutert. Zunächst wird für jede Ressource h ein Single Leg-Verfahren angewendet, ohne dabei Netzeffekte zu beachten. Dazu sei die Wertfunktion dieses OD-Verfahrens für Ressource h und Zeitpunkt t bezeichnet mit $V_t^{OD_h}\left(c_h^{Rest}\right)$.
Wenn nun eine Anfrage für Produkt i auf Ressource h ankommt, wird dessen Revenue r_i verglichen mit einem Bid Price der Form (vgl. Talluri/van Ryzin (2004a) [208], S. 102)

$$\Delta V_t^{OD_h}\left(c_h^{Rest}\right) + \gamma \sum_{l \in A_h, l \neq h} \Delta V_t^{OD_l}\left(c_l^{Rest}\right) . \tag{3.20}$$

Hierbei ist $\Delta V_t^{OD_h}\left(c_h^{Rest}\right)$ der marginale Wert bei der Anwendung des ressourcenbasierten Verfahrens auf h. Mit dem globalen OD Faktor γ werden Opportunitätskosten auf allen anderen Ressourcen außer h abgebildet und damit

entsprechende Netzwerkinformation integriert. Der Parameter γ, für den im Allgemeinen $\gamma < 1$ gilt, wird dabei mit Simulation bestimmt (vgl. Talluri/van Ryzin (2004a) [208], S. 102).
Diese Berechnung wird für sämtliche Ressourcen durchgeführt. Eine Anfrage für ein Netzwerk-Produkt i, bestehend aus mehreren Ressourcen $h \in A_i$, wird nur dann angenommen, wenn Bedingung (3.20) für alle Ressourcen h erfüllt ist.

3.4.2.3 Prorated EMSR-Verfahren

Eine weitere, dekompositionsbasierte Methode stellt die Verwendung von aufgeteilten (engl. prorated) Revenues dar. Diese grundlegende Idee wurde zum ersten Mal von Williamson (1992) [225] mit EMSR-Heuristiken untersucht und deshalb als Prorated Expected Marginal Seat Revenue (PEMSR) bezeichnet. Das PEMSR-Verfahren ordnet einen Anteil des Gesamtrevenue r_i eines Netzwerk-Produktes i jeder verwendeten Ressource $h \in A_i$ zu. Daran anschließend werden $|H|$ Single Leg-Probleme mit EMSR-Heuristik gelöst (vgl. dazu Abschnitt 2.3.3.1). Die resultierenden Ergebnisse können direkt im Zuge einer ressourcenbasierten, geschachtelten Steuerung mit Buchungslimits und geschützten Kontingenten verwendet werden (vgl. Talluri/van Ryzin (2004a) [208], S. 102f).
Mit $\boldsymbol{\alpha} = \left(\alpha_1, \ldots, \alpha_{|H|}\right)$ als Bezeichnung für einen nichtnegativen, reellen Vektor wird für jedes Produkt i und jede verwendete Ressource $h \in A_i$ ein Revenue $\bar{r}_{hi}$ definiert mit

$$\bar{r}_{hi} = \frac{\alpha_h}{\sum_{l \in A_i} \alpha_l} \cdot r_i\,, \quad \forall\, h \in A_i,\, i \in I. \tag{3.21}$$

Als Nächstes wird jede Ressource h als unabhängig angesehen und das entsprechende EMSR-Problem gelöst. Dabei wird die Nachfrage D_{it} zum Zeitpunkt t mit reduziertem Revenue $\bar{r}_{hi}$ gemäß Formel (3.21) angenommen.
Die Approximation der Wertfunktion ist

$$V_t^{PEMSR}\left(\mathbf{c}^{Rest}\right) = \sum_{h=1}^{|H|} V_t^{EMSR_h}\left(c_h^{Rest}, \boldsymbol{\alpha}\right) \tag{3.22}$$

wobei $V_t^{EMSR_h}\left(c_h^{Rest}, \boldsymbol{\alpha}\right)$ den erwarteten Revenue von Single Leg-Problem h bei einer Belegung von $\boldsymbol{\alpha}$ angibt.
Williamson (1992) [225] untersuchte PEMSR-Verfahren in Airlineproblemen mit verschiedenen Methoden für die Berechnung der Gewichtungen für $\boldsymbol{\alpha}$. Dabei er-

hielt sie die besten Ergebnisse, falls der relative Revenuewert der lokalen Nachfrage (Lokal Demand) nach Produkten auf jeder Ressource h als Anhaltspunkt für die Bestimmung der Werte α_h diente. Weniger gute Resultate lieferte die Berechnung auf Basis zurückgelegter Meilen oder der Anzahl an Ressourcen.

3.4.3 Vergleich approximativer Verfahren

Bei der Beurteilung approximativer Verfahren stellen die Exaktheit der Lösung sowie die Komplexität der Optimierungsmethode entscheidende Kriterien dar. Ein Näherungsverfahren soll die Wertfunktion des dynamischen Modells in geeigneter Weise approximieren. Darüber hinaus soll dieses Näherungsverfahren eine effiziente Lösung liefern, damit eine Entscheidung über Annahme oder Ablehnung von Anfragen in Echtzeit getroffen werden kann (vgl. Talluri/van Ryzin (2004a) [208], S. 93 und Temath *et al.* (2010) [210]).
Tabelle 3.3 stellt Vor- und Nachteile der in den Abschnitten 3.4.1 und 3.4.2 vorgestellten grundsätzlichen Approximationsmethoden gegenüber.

Verfahren	Vorteile	Nachteile
Approximation durch Netzwerkmodelle	- Effiziente Lösbarkeit - Gute Performancewerte	- (stark) vereinfachte Netzwerkdarstellung - Veränderung des Distributionssystems notwendig
Dekompositionsverfahren	- Einfache Übertragung von Single Leg-Verfahren - Flexibilität bei Veränderung der Datenbasis	- möglicher Verlust von Netzinformationen

Tabelle 3.3: Vor- und Nachteile approximativer Verfahren.

Die Approximation durch ein Netzwerkmodell mit der Lösung eines entsprechenden mathematischen Optimierungsprogramms stellt eine effiziente Methode dar, die Netzeffekte berücksichtigt (vgl. Williamson (1992) [225]). So können die in Abschnitten 3.4.1.1 und 3.4.1.2 vorgestellten Modelle als lineare Programme dargestellt werden, für die effiziente Lösungsmethoden bekannt sind (vgl. Nickel *et al.* (2011) [169], Kapitel 1). Weiter liefert eine Anwendung dieser Ersatzmodelle meist sehr gute Ergebnisse bezüglich des erzielten Gesamterlöses sowie der Auslastung vorhandener Kapazitäten. So zeigen Talluri/van Ryzin (1998) [206]

die asymptotische Optimalität einer DLP-Steuerung mit Reoptimierungen nach gewissen Zeitabständen, im Falle großer Kapazität und hoher Nachfragewerte. Die Anwendung des DLP-Modells aus Abschnitt 3.4.1.1 liefert auch bessere Performancewerte als eine von Talluri/van Ryzin (1999) [207] vorgeschlagene randomisierte Version des DLP-Verfahrens (Randomized Linear Programming) (vgl. Kunnumkal *et al.* (2012) [138]).
Allerdings liefert die Modellierung als mathematisches Optimierungsprogramm eine sehr vereinfachte Darstellung, die realen Netzstrukturen oftmals nicht gerecht wird. Ferner werden Aspekte wie Nachfrageunsicherheit, geschachtelte Strukturen oder die dynamische Art des Buchungsprozesses nicht berücksichtigt (vgl. Bertsimas/de Boer (2005a) [32]). An ein bereits bestehendes Distributionssystem werden zusätzliche Anforderungen gestellt, da nun Daten auf einem disaggregierteren Level benötigt werden. So stehen beispielsweise im Airlinebereich häufig Nachfragedaten für Flüge bereit, die bezüglich ihres Netzwertes neu beurteilt und deshalb in Direktpassagiere (Lokal Demand) und Umsteigepassagiere (Connecting Demand) aufgeteilt werden müssen (vgl. Talluri/van Ryzin (2004a) [208], S. 87).

Ein Vorteil bei der Anwendung von Dekompositionsverfahren besteht darin, dass oftmals bestehende Nesting-Strukturen (geschachtelte Buchungslimits bzw. geschützte Kontingente) einer auf einzelnen Resourcen basierenden Optimierung relativ leicht auf Netzwerk-Fälle übertragen werden können (vgl. van Ryzin/Vulcano (2008) [217]). So muss bei dieser Art der Steuerung lediglich die Wertigkeit verschiedener Netzwerk-Produkte angepasst werden. Während bei der Anwendung von Virtual Nesting aus Abschnitt 3.4.2.1 Netzeffekte durch angepasste Revenuewerte ausgedrückt werden, ist im Falle einer Steuerung mit OD Factor Methods (Abschnitt 3.4.2.2) bzw. mit PEMSR-Verfahren (Abschnitt 3.4.2.3) die Netzinformation in den Parametern γ bzw. α enthalten. Einen positiven Nebeneffekt sieht Phillips (2005) [176], S. 189, in der größeren Akzeptanz bei Mitarbeitern, da keine Anpassung des Buchungssystems nötig ist und damit kein Umdenken im Zuge der Einführung einer netzwerkbasierten Optimierung stattfinden muss. Eine weitere Stärke von Dekompositionsverfahren ist deren Flexibilität und somit die Möglichkeit, auf sich verändernde Umweltbedingungen wie der Umgestaltung der Netzstruktur zu reagieren. So müssen bei OD Factor Methods bzw. mit PEMSR-Verfahren nur die Parameter γ bzw. α angepasst werden. Bei einer Optimierung mit Virtual Nesting muss in diesem Zusammenhang der Netzwert angebotener Produkte entsprechend neu berechnet werden.

Die hauptsächliche Schwäche von Dekompositionsverfahren liegt bei einem möglichen Verlust wichtiger Netzwerkinformation im Rahmen einer Aufteilung des Gesamtproblems in eine ressourcenbasierte Optimierung (vgl. Talluri/van Ryzin (2004a) [208], S. 101). So sind bei OD Factor Methods und PEMSR-Verfahren die Parameter für die Netzinformation oft schwer zu bestimmen. Williamson (1992) [225] untersuchte PEMSR-Verfahren und kam zu dem Fazit, dass keine der vorgeschlagenen Methoden für die Bestimmung der α-Parameter im Allgemeinen verlässliche Ergebnisse liefern. Beim Virtual Nesting bereiten oftmals ungenaue Daten bzw. die Interpretation von Nachfrage nach lediglich virtuell vorhandenen Buchungsklassen Schwierigkeiten. Eine weitere Schwäche ist die Komplexität des Indexings sowie die Logik der Zuordnung von Produkten zu virtuellen Klassen und die damit verbundene unübersichtliche Schachtelungshierarchie bei einer großen Anzahl angebotener Produkte innerhalb eines großen Netzwerks (vgl. Talluri/van Ryzin (2004a) [208], S. 85).

3.5 Mögliche Erweiterungen

In der neueren Literatur werden eine Reihe von Modellierungen, welche die Problemstellung verallgemeinern, vorgestellt. Im Einzelnen wird auf folgende Aspekte eingegangen:

- Integration von Kundenwahlverhalten,
- Berücksichtigung von Stornierungen und No-Shows (Overbooking) und
- Differenzierung des Angebots mit spezifischen und flexiblen Produkten.

In den bisherigen Ausführungen wurde stets vorausgesetzt, dass die Nachfrage nach Produkten sowohl von Buchungen für andere Produkte als auch vom Steuerungsprozess des Anbieters unabhängig ist. Damit wird angenommen, dass Kunden nur für eine bestimmte Klasse vorgesehen sind. Im Gegensatz zu dieser Annahme können Buy-Ups modelliert werden, wenn Kunden eine höherwertige Buchungsklasse nachfragen, falls die für sie vorgesehene Klasse geschlossen ist (vgl. Büke *et al.* (2008) [45]). Eine weitere Verallgemeinerung ist in der Integration eines Kundenwahlverhaltens zu sehen. Im Gegensatz zum bisherigen Vorgehen wird nicht angenommen, dass ein Kunde exklusiv ein Produkt nachfragt, sondern dass ihm verschiedene Alternativen zur Wahl stehen. Der Kunde entscheidet sich, entsprechend einem Kundenwahlmodell, zwischen verschiedenen Alternativen. Für diese Verallgemeinerung werden zum einen mathematische Modelle erweitert (vgl. Gallego *et al.* (2004) [93], Liu/van Ryzin (2008a) [153] und Bront *et al.* (2009) [41]), zum anderen werden entsprechende Dekompositionsverfahren angepasst (vgl. Zhang/Adelman (2009) [230] und Meissner/Strauss (2010) [163]).

Eine nächste Erweiterung ist die Betrachtung von Overbooking durch Berücksichtigung von Stornierungen und No-Shows. Für möglicherweise abgewiesene Kunden sind dabei die Leistung von Kompensationen (Verpflegung, Unterkunft, Ausgleichszahlungen, etc.) (vgl. Gosavi *et al.* (2007) [107]) oder eine Umbuchung auf substituierbare Buchungsklassen bzw. auf andere Flüge oder Verbindungen denkbar (vgl. Karaesmen/van Ryzin (2004b) [120]). Bertsimas/Popescu (2003) [34] ergänzen dazu das stochastische, dynamische Optimierungsproblem aus Kapitel 3.3 um Überbuchungsüberlegungen. Weiter schlagen sie ein Verfahren vor, in dem sie das in Abschnitt 3.4.1.1 vorgestellte lineare Modell um einen Parameter für die Wahrscheinlichkeit der Inanspruchnahme einer gebuchten Leistung erweitern (vgl. dazu auch Karaesmen/van Ryzin (2004a) [119]). Eine entsprechende Anpassung von Dekompositionsverfahren betrachten Kunnumkal/Topaloglu (2008) [139], Erdelyi/Topaloglu (2009) [79] und Erdelyi/Topaloglu (2010) [80].

Eine weitere Verallgemeinerung ist in der Ausnutzung der Flexibilität von Kunden zu sehen. So betrachtet Talluri (2001) [205] eine Anwendung im Airlinebereich, bei der Passagiere unterschiedlichen Routen zwischen einem festgelegten Start- und Zielflughafen zugeordnet werden können. Gallego/Phillips (2004) [96] gehen mit der Unterteilung der Kundenpopulation in spezifische und flexible Kunden noch einen Schritt weiter. Während bei der Buchung eines spezifischen Produkts die nachgefragte Leistung exakt vordefiniert ist, werden bei einem flexiblen Produkt nur Basisrestriktionen festgelegt, um anschließend eine Zuordnung zu spezifischen Angeboten vorzunehmen. Diese Verallgemeinerung wurde von Gallego *et al.* (2004) [93] auf den Netzwerk-Fall übertragen, indem eine DLP-Formulierung, entsprechend Abschnitt 3.4.1.1, angepasst wird. Petrick *et al.* (2010) [174] und Petrick *et al.* (2012) [175] untersuchen in diesem Zusammenhang verschiedene Arten der Zuordnung von flexiblen zu spezifischen Produkten.

Kapitel 4

Overbooking und Kunden mit flexibler Nachfrage im Network Revenue Management

In diesem Kapitel werden wichtige Verallgemeinerungen des Network Revenue Managements betrachtet. Ausgehend von der Darstellung des Problems als deterministisches, lineares Programm (DLP) wird dieses in Abschnitt 4.2 um Überbuchungsüberlegungen sowie die Unterteilung des Angebots in spezifische und flexible Produkte erweitert.
Im Rahmen eines neuen Ansatzes wird in Kapitel 4.3 die simultane Optimierung dieser Aspekte präsentiert. In einem weiteren Schritt erfolgt in Abschnitt 4.4 eine Modellformulierung, welche darüber hinaus unterschiedliche Klassen berücksichtigt. Einen Schwerpunkt der Ausführungen bildet die Analyse und Diskussion wichtiger Eigenschaften, sowie die Beschreibung von Einsatzmöglichkeiten dieses neuen DLP-Modells.

4.1 Entwicklung verschiedener DLP-Modelle

Bereits in den Ausführungen von Abschnitt 3.4.1.1 wurde die Darstellung des Netzwerk-Problems durch ein deterministisches, lineares Programm (DLP) beschrieben sowie seine einfache Lösbarkeit hervorgehoben. Aus diesem Grund werden die in Kapitel 3.5 vorgestellten Verallgemeinerungen häufig durch geeignete Anpassungen von DLP-Modellen formuliert.

Die grundsätzliche Vorgehensweise bei der Herleitung der in diesem Kapitel entwickelten DLP-Modelle veranschaulicht Abbildung 4.1. Ausgehend vom Ausgangsmodell (DLP) (siehe Simpson (1989) [195]) existiert unabhängig voneinander sowohl eine Erweiterung um Overbooking-Entscheidungen (DLP-over) (siehe Bertsimas/Popescu (2003) [34] und Karaesmen/van Ryzin (2004a) [119]) als auch eine Erweiterung, bei der flexible und spezifische Angebote unterschieden werden (DLP-flex), eingeführt in der Arbeit von Gallego *et al.* (2004) [93]. Mit dem in Abschnitt 4.3 vorgestellten DLP-Modell werden beide Aspekte in einem Modell (DLP-flex-over) kombiniert, um eine simultane Optimierung beider Aspekte zu ermöglichen, ausgedrückt durch die gepunkteten Pfeile in Abbildung 4.1. Davon ausgehend wird eine weitere Modellierung, die eine Unterscheidung von verschiedenen Klassen zulässt (class-specific DLP-flex-over), entwickelt. Dabei soll ein Index t eine mögliche Neuberechnung der DLP-Modelle in zeitlichen Abständen innerhalb der Buchungsperiode auf Basis aktualisierter Daten ausdrücken.

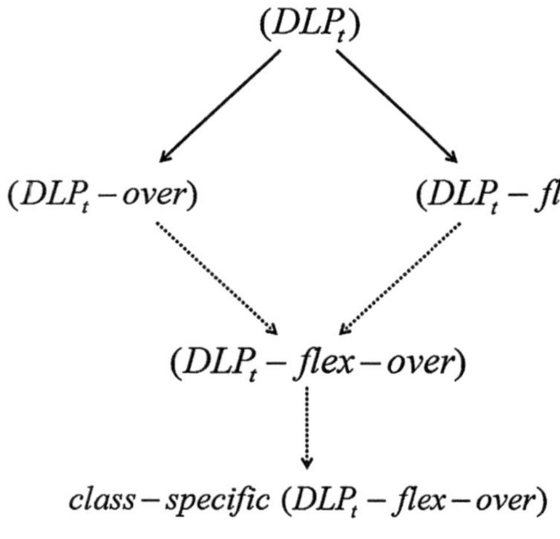

Abbildung 4.1: Entwicklung von verschiedenen DLP-Modellen.

So werden in Kapitel 4.2 ausgehend von der grundlegenden DLP-Darstellung (4.2.1) Erweiterungen um Überbuchungsüberlegungen (4.2.2) sowie die Unterteilung des Angebots in spezifische und flexible Produkte (4.2.3) diskutiert. Im Rahmen eines neuen Ansatzes wird in Abschnitt 4.3 die simultane Optimierung beider Aspekte vorgestellt. In einem weiteren Schritt erfolgt in Abschnitt 4.4 die Berücksichtigung unterschiedlicher Klassen.

4.2 Bekannte DLP-Modelle

Im folgenden Kapitel sollen zunächst aus der Literatur bekannte DLP-Erweiterungen vorgestellt werden. Der Begriff deterministisch bedeutet dabei, dass die eigentlich stochastische Nachfrage durch einen deterministischen Wert, den Erwartungswert, approximiert wird.
DLP-Modelle wurden bereits seit Beginn der 1980er-Jahre in verschiedenen Praxisanwendungen des Revenue Managements eingesetzt (vgl. D'Sylva (1982) [73], Glover *et al.* (1982) [103], Wollmer (1986) [226] und Dror *et al.* (1988) [72]). Die erste im wissenschaftlichen Bereich beachtete Arbeit stammt von Simpson (1989) [195].
Ausgehend vom grundlegenden DLP-Modell, vorgestellt in Abschnitt 4.2.1, werden folgende, bereits bekannte DLP-Modelle beschrieben:

- Erweiterung um Overbooking (Abschnitt 4.2.2)
- Erweiterung um flexible Angebote (Abschnitt 4.2.3)

Der Vorteil bei einer DLP-Modellierung besteht in der einfachen Lösbarkeit und der damit verbundenen Möglichkeit einer relativ einfachen Erweiterung um Aspekte, welche einer sehr komplexen Modellierung bedürfen.

4.2.1 Grundlegendes DLP

Mit den bekannten Notationen kann das deterministische, lineare Programm (DLP) für den grundlegenden Fall des Netzwerk-Revenue Managements wie bereits in (3.6),...,(3.9) dargestellt werden (siehe dazu Simpson (1989) [195], Williamson (1992) [225] sowie Klein/Steinhardt (2008) [135], S. 110):

$$max \sum_{i \in I} r_i \cdot x_i \tag{4.1}$$

$$s.t.: \sum_{i \in I} a_{hi} \cdot x_i \leq c_h \quad \forall h \in H \tag{4.2}$$

$$(\boldsymbol{DLP}_t) \qquad x_i \leq \overline{D}_{it} \quad \forall i \in I \tag{4.3}$$

$$x_i \geq 0 \quad \forall i \in I \tag{4.4}$$

Dieses grundlegende DLP-Modell entspricht den Ausführungen von Kapitel 3.4.1.1 und bedarf deshalb keiner eingehender Erläuterungen.

Bei dieser Darstellung ist jedoch kritisch festzuhalten, dass für die Modellierung der Nachfrage nur dessen Erwartungswert zugrundegelegt wird. So kann es vorkommen, dass die tatsächliche Nachfrage diesen Wert sowohl über- als auch unterschreitet. In Simulationsrechnungen haben sich jedoch bessere Ergebnisse für die Anwendung des DLP-Modells im Vergleich zur Anwendung von Dekompositonsverfahren, basierend auf dem EMSR-Verfahren, ergeben (vgl. Williamson (1992) [225] und Belobaba/Weatherford (1996) [29]).

4.2.2 DLP für Overbooking

Überbuchungsstrategien, d.h. die Annahme einer Anzahl von Anfragen, die über die physische Kapazität verfügbarer Ressourcen hinausgeht, wurden schon mehrfach in der Arbeit angesprochen (vgl. dazu Abschnitte 2.3.4 und 3.5). Ziel ist die Vermeidung ungenutzter Kapazitätseinheiten, die aufgrund von Stornierungen oder nicht erschienener Kunden auftreten können.
Dabei existieren nur wenige Arbeiten, die den komplizierten Netzwerk-Fall betrachten. Theoretisch ist eine entsprechende Anpassung des stochastischen, dynamischen Programms, dargestellt in Kapitel 3.3, möglich. Dies bringt aber dieselbe Problematik wie bei der dynamischen Modellformulierung ohne die Möglichkeit einer Überbuchung mit sich (vgl. dazu Kapitel 3.3.2). Deshalb bietet sich neben der Anwendung von Dekompositionsverfahren (vgl. Erdelyi/Topaloglu (2009) [79]) die Anpassung von Ersatzmodellen an (vgl. Bertsimas/Popescu (2003) [34] und Karaesmen/van Ryzin (2004a) [119]).
Ziel einer Steuerung ist neben der Entscheidung über die Annahme oder Ablehnung von Anfragen die Festlegung von Überbuchungslimits. Diese Limits sollen so gewählt werden, dass zum einen möglichst wenige Plätze unbesetzt bleiben, da diese keinen Wert stiften, und zum anderen wenige oder keine Kunden abgewiesen werden, da sonst gegebenenfalls entsprechende Kompensationsleistungen entrichtet werden müssen.
Zusätzlich zu den bereits bekannten Bezeichnern müssen für den Fall der Erweiterung um Überbuchen weitere Größen eingeführt werden (vgl. im Folgenden Klein/Steinhardt (2008) [135], S. 166). Werte p_h geben die Wahrscheinlichkeit wieder, dass ein Kunde den gebuchten Flug h auch nutzt. Dabei wird diese sogenannte Show-Rate p_h in Bezug auf einen bestimmten Flug h festgelegt. Werte d_h geben die Kosten für einen abgewiesenen Passagier auf Flug h an. Das Überbuchungslimit[1] für Flug h wird mit z_h bezeichnet, während u_h die Anzahl der abgewiesenen Kunden auf h repräsentiert.

1 im Englischen als Overbooking-Limit, aber auch als Overbooking Pad bzw. Virtual Capacity bezeichnet

Sämtliche Größen sind auf Basis von gesamten Ressourcen, die im Airlinebereich einzelnen Flügen entsprechen, gegeben. Entsprechend erfolgt eine Optimierung durch eine Betrachtung aggregierter Flüge.

Damit kann das DLP für Overbooking (DLP-over) durch folgendes Modell ausgedrückt werden (vgl. Karaesmen/van Ryzin (2004a) [119] sowie Klein/Steinhardt (2008) [135], S. 167):

$$max \sum_{i \in I} r_i \cdot x_i - \sum_{h \in H} d_h \cdot u_h \tag{4.5}$$

$$s.t.: \sum_{i \in I} a_{hi} \cdot x_i \leq z_h \quad \forall h \in H \tag{4.6}$$

(***DLP$_t$-over***)

$$x_i \leq \overline{D}_{it} \quad \forall i \in I \tag{4.7}$$

$$x_i \geq 0 \quad \forall i \in I \tag{4.8}$$

$$u_h \geq p_h \cdot z_h - c_h \quad \forall h \in H \tag{4.9}$$

$$z_h \geq c_h \quad \forall h \in H \tag{4.10}$$

$$u_h \geq 0 \quad \forall h \in H \tag{4.11}$$

Es kann wie folgt erklärt werden:

In der Zielfunktion (4.5) werden vom Term des allgemeinen DLPs aus Formulierung (4.1) die erwarteten Kosten für abgewiesene Kunden abgezogen. Diese Kosten ergeben sich aus der Summe der jeweils zu entrichtenden Kompensationszahlungen für jeden Flug h.

Die ersten Nebenbedingungen (4.6) entsprechen den Kapazitätsrestriktionen des DLPs, mit dem entscheidenden Unterschied, dass Überbuchungslimits z_h für alle Flüge $h \in H$ die ursprünglichen Kapazitäten c_h als rechte Seiten ersetzen. Restriktionen vom Typ (4.7) und (4.8) bleiben hingegen unverändert.

Die Nebenbedingungen (4.9) – (4.11) beschreiben die Overbooking-Erweiterung: (4.9) sammelt die erwartete Anzahl an abgewiesenen Kunden (engl. Denied Services bzw. Boardings) bezüglich einer aggregierten Betrachtung auf Basis von Flug h und einer relativ einfachen Wahrscheinlichkeit p_h für die Nutzung der gebuchten Leistung (engl. Show-Rate). Ist das Produkt $p_h \cdot z_h$ kleiner oder gleich der tatsächlichen Kapazität c_h, so besitzt die rechte Seite der Nebenbedingung (4.9) einen Wert kleiner oder gleich 0 und es folgt wegen (4.11) $u_h = 0$. Gilt dagegen $p_h \cdot z_h > c_h$, so resultiert $u_h = p_h \cdot z_h - c_h$, da aufgrund des negativen Summanden in der zu maximierenden Zielfunktion (4.5) stets der möglichst kleinste Wert angenommen wird. Das Overbooking-Limit ist größer oder gleich der physischen Kapazität (4.10), während (4.11) die Nichtnegativität der Anzahl der zurückgewiesenen Kunden für alle Ressourcen $h \in H$ sicherstellt.

Diese Modellierung stellt eine einfache Erweiterung des Netzwerk-Falls um Overbooking dar, da für die Lösung eines linearen Programms effiziente Algorithmen zur Verfügung stehen. Nachteilig erweist sich bei einer derartigen Darstellung von Überbuchung die einfache, aggregierte Zusammenfassung der Wahrscheinlichkeit, dass ein Kunde zum Abflug erscheint.

4.2.3 DLP für flexible Angebote

Ein weiterer Aspekt ist die Differenzierung des Angebotsspektrums in spezifische und flexible Angebote. Bei einem spezifischen Produkt sind sämtliche Konditionen, im Airlinebereich z.B. genaue Abflug- und Landezeiten, Route, etc., festgelegt. Demgegenüber bedeutet der Erwerb eines flexiblen Angebots, dass Kunden nur bestimmte Basis-Konditionen von Produkten kennen und der Anbieter diese flexiblen Produkte bestimmten Ressourcen zuordnen kann, die beispielsweise aufgrund ungünstiger Start- und Landezeiten eine geringere Nachfrage aufweisen. Dieser Punkt kommt der häufig geringen Zahlungsbereitschaft einiger Kundensegmente entgegen.
Das Konzept flexibler Produkte wurde in wissenschaftlichen Arbeiten zum Revenue Management von Gallego/Phillips (2004) [96], die zunächst nur zwei Perioden annahmen, eingeführt. Während in der ersten Periode spezifische und flexible Produkte angeboten werden, ist das Angebot in der zweiten auf spezifische beschränkt. Daneben gibt es eine Reihe weiterer Konzepte, wie das Angebot von opaquen Produkten (opaque=undurchsichtig), bei denen der Kunde beim Abschluss des Kaufes nicht genau weiß, wie die Bedingungen aussehen, die er allerdings sofort nach der Kaufhandlung erfährt. Eine weitere Variante betrachtet Talluri (2001) [205]. Dabei werden Kunden verschiedenen Routen zugeordnet, ohne dabei explizit zwischen spezifischen und flexiblen Buchungen zu unterscheiden.
Gallego *et al.* (2004) [93] übertrugen die Idee von flexiblen Angeboten auf den Netzwerk-Fall, indem sie ein entsprechendes DLP-Modell formulierten. Daneben gibt es noch weitere Arbeiten, die ein Revenue Management-Netz betrachten. Petrick *et al.* (2012) [175] erweitern zunächst das stochastische, dynamische Modell aus Abschnitt 3.3 um flexible Angebote und vergleichen eine DLP-Steuerung mit anderen bekannten Verfahren. Petrick *et al.* (2010) [174] untersuchen in diesem Zusammenhang verschiedene Zuordnungsarten der flexiblen zu den spezifischen Produkten. Diesen Arbeiten ist die Erweiterung existierender linearer Programme, die eine beliebte Approximationsmethode im Netzwerk-Fall darstellen, gemein.

Für die Darstellung müssen weitere Notationen eingeführt werden (vgl. im Folgenden Petrick *et al.* (2012) [175]). Neben der Menge der spezifischen Produkte I wird eine Menge von flexiblen Produkten $J = \{1, \ldots, |J|\}$ mit Revenue f_j für ein flexibles Produkt $j \in J$ angeboten. Die Menge an Ausführungsmöglichkeiten (engl. Execution-Modes) $M_j \subseteq I$ steht für eine mögliche Zuordnung des flexiblen Produktes j zu einer Menge von spezifischen Produkten I. Die Matrix A wird ergänzt um Einträge $a_{hm} = 1$, falls Execution-Mode m Flug h verwendet, bzw. $a_{hm} = 0$ sonst, für alle $m \in M_j$ für $j \in J$. Jetzt muss zwischen der Nachfrage nach spezifischen und flexiblen Produkten unterschieden werden. $\overline{D}_{it}^{s}$ steht für die erwartete Nachfrage nach dem spezifischen Produkt i, der Ausdruck $\overline{D}_{jt}^{f}$ bezeichnet die erwartete Nachfrage nach dem flexiblen Angebot j bezüglich einer Zeitperiode t innerhalb des Buchungshorizonts. Eine weitere Entscheidungsvariable y_{jm} gibt die Anzahl an angenommenen flexiblen Produkten vom Typ j sowie die jeweilige Zuordnungsmöglichkeit m an.
Ein Ziel des Modells stellt neben der optimalen Buchungssteuerung die Verteilung der flexiblen Kunden auf zulässige spezifische Angebote dar. Damit können auftretende Nachfrageschwankungen ausbalanciert werden.
Die Erweiterung des DLPs um den Fall des Angebots von flexiblen und spezifischen Angeboten wurde vorgestellt in Gallego *et al.* (2004) [93] und kann wie folgt beschrieben werden (vgl. dazu auch Petrick *et al.* (2010) [174]):

$$max \sum_{i \in I} r_i \cdot x_i + \sum_{j \in J} f_j \cdot \sum_{m \in M_j} y_{jm} \quad (4.12)$$

$$s.t.: \sum_{i \in I} a_{hi} \cdot x_i + \sum_{j \in J} \sum_{m \in M_j} a_{hm} \cdot y_{jm} \leq c_h \quad \forall h \in H \quad (4.13)$$

$$x_i \leq \overline{D}_{it}^{s} \quad \forall i \in I \quad (4.14)$$

(DLP_t-flex)

$$x_i \geq 0 \quad \forall i \in I \quad (4.15)$$

$$\sum_{m \in M_j} y_{jm} \leq \overline{D}_{jt}^{f} \quad \forall j \in J \quad (4.16)$$

$$y_{jm} \geq 0 \quad \forall j \in J, m \in M_j \quad (4.17)$$

Die Modellierung kann auf diese Weise erklärt werden:
Die Zielfunktion (4.12) maximiert wieder den erwarteten Gesamterlös. Dieser ist zusammengesetzt aus dem Revenue, der sich aus dem Verkauf von spezifischen und flexiblen Produkten ergibt, im Falle von flexiblen Angeboten summiert über alle möglichen Execution-Modes. Damit wird neben der Revenuemaximierung die optimale Allokation der flexiblen Produkte angegeben.

Die Kapazitätsbeschränkungen (4.13) ergeben sich aus dem Ressourcenbedarf sowohl der spezifischen als auch der flexiblen Produkte. Dabei ist der Bedarf flexibler Produkte über den zulässigen Zuordnungsmöglichkeiten (Execution-Modes) aufsummiert. Während (4.14) und (4.15) identisch zu den Nachfragebeschränkungen wie im DLP sind, werden die nichtnegativen Allokationen (siehe 4.17) für die flexiblen Produkte nun summiert über alle zulässigen Execution-Modes (4.16). Neben der Anzahl der angenommenen Produkte beider Produktvarianten berechnet das DLP-flex die Zuordnung der flexiblen Produkten zu einer Menge von zulässigen spezifischen Angeboten.

Vorteil einer entsprechenden Modellierung ist die Ausnutzung von Zahlungsbereitschaften. Es können Kunden auch mit geringerer Zahlungsbereitschaft aufgenommen werden. Ferner kann eine Belegung nicht genutzter Plätze durch flexible Kunden erfolgen. Dies ist dadurch möglich, dass Kunden bestimmten Routen zugeordnet werden können. Meistens ist ein Startflughafen (Origin) und ein Zielflughafen (Destination) vom Kunden vorgegeben, der Anbieter kann aber eine Zuordnung zu einer Route (Itinerary), die entsprechend weniger nachgefragt ist, vornehmen. Dabei ist ferner auch eine Zuordnung zu mehreren gleichen Routen, die allerdings unterschiedliche Abflug- oder Landezeiten bzw. bei einem Zwischenstopp unterschiedliche Wartezeiten vorsehen, möglich.
Eine weitere Verallgemeinerung besteht in einer flexiblen Modellierung, die beide eben vorgestellten Aspekte simultan darstellt und damit eine gleichzeitige Optimierung zulässt.

4.3 DLP-Modell für flexible Angebote und Overbooking

Die bisher vorgestellten DLP-Modelle wurden vielfach in realen Netzwerkanwendungen innerhalb des Revenue Managements eingesetzt. Nun soll ein eigenes Modell aufgestellt werden, welches eine Weiterentwicklung von DLP-flex und DLP-over darstellt. Es werden beide Aspekte, das Anbieten von spezifischen und flexiblen Produkten sowie Überbuchungsüberlegungen, simultan behandelt und optimiert.
Nach der Formulierung dieses entsprechenden DLP-flex-over-Modells wird diskutiert, wie eine erhaltene Lösung innerhalb der Buchungssteuerung verwendet werden kann.

4.3.1 Formulierung des DLP-Modells

Um das DLP-flex-over-Modell zu formalisieren, werden die Zielfunktion sowie entsprechende Restriktionen der DLP-Modelle der Abschnitte 4.2.2 und 4.2.3 in einem deterministischen, linearen Modell integriert.
Das DLP-flex-over-Modell sieht dementsprechend so aus:

$$max \sum_{i\in I} r_i \cdot x_i + \sum_{j\in J} f_j \cdot \sum_{m\in M_j} y_{jm} - \sum_{h\in H} d_h \cdot u_h \tag{4.18}$$

$$s.t.: \sum_{i\in I} a_{hi} \cdot x_i + \sum_{j\in J} \sum_{m\in M_j} a_{hm} \cdot y_{jm} \leq z_h \quad \forall h \in H \tag{4.19}$$

$$x_i \leq \overline{D}^s_{it} \quad \forall i \in I \tag{4.20}$$

(*DLP*$_t$*-flex-over*)

$$x_i \geq 0 \quad \forall i \in I \tag{4.21}$$

$$\sum_{m\in M_j} y_{jm} \leq \overline{D}^f_{jt} \quad \forall j \in J \tag{4.22}$$

$$y_{jm} \geq 0 \quad \forall j \in J, m \in M_j \tag{4.23}$$

$$u_h \geq p_h \cdot z_h - c_h \quad \forall h \in H \tag{4.24}$$

$$z_h \geq c_h \quad \forall h \in H \tag{4.25}$$

$$u_h \geq 0 \quad \forall h \in H \tag{4.26}$$

Das Modell mit Berücksichtigung beider Aspekte kann folgendermaßen beschrieben werden:
Die Größen x_i, y_{jm}, u_h und z_h stehen für die Entscheidungsvariablen des DLP-flex-over-Modells. Dabei bezeichnen x_i bzw. y_{jm} die Anzahl anzunehmender spezifischer bzw. flexibler Passagiere, im Falle einer flexiblen Buchung innerhalb Execution-Mode $m \in M_j$. Weiter wird das Überbuchungslimit z_h für Flug h optimiert, wobei u_h für die Anzahl abgewiesener Kunden auf Flug h steht.
Die Zielfunktion (4.18) maximiert den erwarteten Gesamtrevenue, der sich durch die Annahme beider Formen von Angeboten ergibt (vgl. dazu die Ausführungen von Abschnitt 4.2.3). Von diesem Term werden die erwarteten Kosten für zurückgewiesene Kunden abgezogen (vgl. Abschnitt 4.2.2).
Die ersten Nebenbedingungen (4.19) stellen sicher, dass die Summe an verkauften flexiblen und spezifischen Produkten nicht die Overbooking-Limits für alle Flüge $h \in H$ übersteigt. Bedingungen (4.20) und (4.22) bewirken, dass die Zuordnung der Produkte kleiner oder gleich der erwarteten Nachfrage für spezifische bzw. flexible Produkte ist. (4.21) und (4.23) stellen die Nichtnegativität der Zuordnungen sicher. Bedingungen (4.24) – (4.26) stehen für die Overbooking-

Erweiterung. Sie gleichen den Restriktionen (4.9) – (4.11) von Modell DLP-over in Abschnitt 4.2.2.

In der Modellierung soll der Index t die Optimierung bezüglich eines bestimmten Zeitpunktes zum Ausdruck bringen. Dazu wird die zu diesem Zeitpunkt t aufgetretene Nachfrage $\overline{D}_{it}^{s}$ im Falle eines spezifischen bzw. $\overline{D}_{jt}^{f}$ im Falle eines flexiblen Angebots betrachtet. Damit ist eine zeitliche, dynamische Anpassung auf Basis aktualisierter Daten möglich.

4.3.2 Anwendung des DLP-Modells

Eine DLP-flex-over-Modellierung kann auf zwei unterschiedliche Arten verwendet werden:

- Direkte Berechnung und Anwendung von Buchungslimits.
- Verwendung von Schattenpreisen für eine Steuerung mit Bid Prices.

Diese beiden Alternativen werden in den folgenden Ausführungen näher erläutert sowie deren Vor- und Nachteile gegenübergestellt.

4.3.2.1 Direkte Berechnung von Buchungslimits

Die erste Anwendungsmöglichkeit des DLP-flex-over-Modells besteht in einer Steuerung mit (disjunkten) Buchungslimits. Diese Buchungslimits stellen die erhaltenen Entscheidungsvariablen x_i bzw. y_{jm} für spezifische bzw. flexible Angebote, im Falle einer flexiblen Buchung mit entsprechendem Execution-Mode $m \in M_j$, dar. Buchungen für die jeweiligen Angebote werden so lange angenommen, bis diese Limits erreicht sind.
Als Vorteil einer solchen Vorgehensweise ist der einfache Steuerungsprozess zu nennen. Dieser zeigt sich in der leichten Berechnung eines linearen Programms und der einfachen und intuitiven Buchungssteuerung. Für eine derartige Steuerung ist eine zeitliche Anpassung durch eine Neuberechnung des DLP-flex-over-Modells nach gewissen Zeitpunkten mit aktualisierten Nachfragedaten notwendig.
Bezüglich einer Überbuchungssteuerung erweist sich die aggregierte Betrachtung von Flügen und die damit verbundene Bestimmung von Buchungslimits z_h für den gesamten Flug häufig als problematisch. Es wird daher nicht unterschieden, ob es sich um eine Buchung in der First, Business oder Economy Class

handelt. Auch bei abgewiesenen Kunden (Denied Boardings) u_h wird keine Unterscheidung von Klassen durchgeführt. Allerdings werden Passagiere, denen ein Boarding verweigert wird, durchaus nach der Höhe des gezahlten Tarifs differenziert.

4.3.2.2 Steuerung mit Bid Prices

Die zweite Alternative stellt die bereits beschriebene Steuerung mit Schwellenwerten, den sogenannten Bid Prices, dar (vgl. dazu die Ausführungen in den Kapiteln 2.3.3 und 3.4).
Für jede Kapazitätsressource muss dazu nur ein einziger Wert, dessen Bid Price, berechnet und gespeichert werden. Der Wert einer eintreffenden Buchungsanfrage wird mit der Summe der Bid Prices benötigter Ressourcen verglichen. Eine Anfrage für ein Produkt i wird angenommen, falls der erzielte Revenue r_i die Summe der Bid Prices π_{ht} der Ressourcen $h \in A_i$ zum Zeitpunkt t übersteigt (vgl. Bedingung (4.27)):

$$r_i \geq \sum_{h \in A_i} \pi_{ht} \tag{4.27}$$

Buchungsanfragen werden so lange angenommen, bis die entsprechenden Buchungslimits z_h mit $h \in A_i$ noch nicht erreicht sind.
Bei der Bestimmung von Bid Prices über das DLP-flex-over-Modell hilft die Theorie zur linearen Optimierung. Denn neben Werten für Entscheidungsvariablen liefert die Anwendung von Verfahren zur linearen Optimierung sogenannte Schattenpreise, die den Opportunitätskosten für die durch die Nebenbedingungen (4.19) erfassten Ressourcen, im Airlinefall die Kapazitäten der Flüge, entsprechen. Diese Schattenpreise ergeben sich ebenso als Lösung des zugehörigen dualen Programms, sie entsprechen den mit Bedingungen (4.19) korrespondierenden dualen Variablen. Diese Variablen werden dementsprechend als Bid Prices π_{ht} für Ressource h gespeichert (vgl. Klein/Steinhardt (2008) [135], S. 118).[2]

Eingeführt wurde die Steuerung mit Bid Prices in den Arbeiten von Simpson (1989) [195] und Williamson (1992) [225] und weiter diskutiert in Talluri/van Ryzin (1998) [206], Talluri/van Ryzin (1999) [207] und Spengler *et al.* (2007) [198].

2 Zu Schattenpreisen vgl. insbesondere Domschke/Drexl (2007) [71], Kapitel 2.5.3.

Weitere Arbeiten beschäftigen sich mit einer alternativen Berechnung von Bid Prices, die in erster Linie die zeitliche Anpassung sowie die Berücksichtigung von Kapazitätsauslastungen betrachten (siehe Adelman (2007) [2] und Klein (2007) [134]). Dazu werden in Talluri/van Ryzin (1998) [206] und Talluri/van Ryzin (1999) [207] alternative lineare Programme aufgestellt und mit dem jeweils dualen Programm wird eine bessere Anpassung von Opportunitätskosten erreicht.

Aufgrund der Einfachheit in der Berechnung von Bid Prices, basierend auf einem linearen Programm (DLP-flex-over) sowie dem intuitiven Steuerungsprozess innerhalb der Buchungsperiode, ist dieses Prinzip in Netzwerk-Anwendungen des Revenue Managements weit verbreitet. Dabei spielt die Disaggregation von Ressourcen bzw. Flügen eine wichtige Rolle, da die Betrachtung von Bid Prices ohnehin ressourcenbasiert ist.

Nachteilig erweist sich bei einer Steuerung mit Bid Prices häufig die Tatsache, dass lediglich zwischen Annahme und Ablehnung von Anfragen unterschieden wird. So wird damit innerhalb der angenommenen Menge nicht differenziert, ob es sich um ein hoch- oder geringwertiges Produkt handelt. Dieses Problem bleibt auch bestehen, wenn Bid Prices durch wiederholte Berechnung der DLP-Modelle aktualisiert werden.[3]

4.4 DLP-Modell unter Berücksichtigung von Klassen

In den bisherigen DLP-Beschreibungen des Kapitels wurden Ressourcen bzw. Flüge auf aggregiertem Niveau betrachtet. Im Folgenden wird ein klassenspezifisches DLP-Modell (class-specific DLP-flex-over) entwickelt, welches die Berücksichtigung verschiedener Klassen innerhalb einzelner Ressourcen zulässt.

4.4.1 Formulierung des DLP-Modells

Innerhalb der betrachteten Menge von $|H|$ Flügen $H = \{1, \ldots, |H|\}$ wird eine Anzahl von $|K|$ Klassen $K = \{1, \ldots, |K|\}$ unterschieden. Die Gesamtkapazität c_h von Flug h ist nun in disjunkte Teilkapazitäten aufgeteilt. Somit hat jede Klasse k in Flug h eine Kapazität c_{hk}. Im Falle der Betrachtung des Luftverkehrs sind diese Klassen äquivalent zu Buchungs- bzw. Beförderungsklassen, z.B. First, Business und Economy Class.

---

3 Zur Problematik der Nichtoptimalität von Bid Prices vergleiche insbesondere Talluri/van Ryzin (2004a) [208], S. 90f sowie Klein/Steinhardt (2008) [135], S. 123f.

Für die klassenspezifische Definition angebotener spezifischer und flexibler Produkte werden weitere Größen eingeführt. So bezeichnet $\bar{I} = \{1, \ldots, |\bar{I}|\}$ eine Menge angebotener Verbindungen (Origin-Destination Itinerary Connections). Abhängig von einem Startflughafen (Origin) und Zielflughafen (Destination) gibt jedes Element $\bar{i} \in \bar{I}$ eine innerhalb eines Netzwerkes angebotene Route (engl. Itinerary) an. Diese besteht entweder aus einem einzelnen Flug oder einer Menge von Flügen, die eine Verbindung mit Zwischenstopp und/oder Umsteigen darstellen.

Spezifische Angebote werden nun durch eine Kombination aus Verbindung $\bar{i}$ und Klasse k mit entsprechendem Revenue $r_{\bar{i}k}$ differenziert. $J = \{1, \ldots, |J|\}$ bezeichnet eine Menge angebotener flexibler Produkte, wobei durch den Execution-Mode $M_j \subseteq \bar{I}$ eine Zuordnung von flexiblem Produkt $j \in J$ zu Verbindungen $\bar{i} \in \bar{I}$ festgelegt wird.

Eine Matrix $\bar{A}$ gibt an, aus welchen Flügen h angebotene Verbindungen $\bar{i}$ zusammengesetzt sind. So ist $\bar{a}_{h\bar{i}} = 1$, falls Verbindung $\bar{i}$ aus Flug h besteht, andernfalls ist $\bar{a}_{h\bar{i}} = 0$. Aufgrund der nun disaggregierten Betrachtung von Flügen wird eine Klassenmatrix B eingeführt, die angibt, zu welcher Klasse k ein spezifisches oder flexibles Produkt gehört. Die Matrixeinträge sind $b_{\bar{i}k} \in \{0, 1\}$ für alle $\bar{i} \in \bar{I}$ und für alle $k \in K$ mit $b_{\bar{i}k} = 1$, falls in Verbindung $\bar{i}$ Klasse k angeboten wird, und $b_{\bar{i}k} = 0$ sonst, bzw. $b_{mk} \in \{0, 1\}$ für alle $k \in K$ und für alle $m \in M_j$ mit $b_{mk} = 1$, falls Execution-Mode m Klasse k zugeordnet wird, und $b_{mk} = 0$ sonst.

Beide Angebote müssen innerhalb eines gegebenen Zeithorizonts verkauft werden, der in T diskrete Zeitperioden unterteilt wird. Die Perioden werden rückwärts gezählt, vom Beginn der Buchungsperiode T bis zur Leistungserstellung.

Die aggregierte Nachfrage bezüglich eines Zeitpunktes t wird im Falle eines spezifischen Angebots, das durch ein Tupel $(\bar{i}, k)$ definiert ist, mit $\overline{D}^s_{\bar{i}kt}$ bezeichnet, im Falle eines flexiblen Angebots mit $\overline{D}^f_{jt}$.

Für die Integration der Überbuchungsüberlegung ändern sich ebenso die Daten für die nun benötigten Overbooking-Parameter. Die Werte p^s_{hk} und p^f_{hk} bezeichnen die Wahrscheinlichkeit (aufgeteilt in spezifische und flexible Angebote), dass Kunden Flug h und Klasse k auch nutzen. Der Parameter d_{hk} beschreibt die Kosten für eine verweigerte Mitnahme (engl. Denied Service/Boarding) auf Flug h und Klasse k. Das Overbooking-Limit für Flug h und Klasse k ist ausgedrückt mit z_{hk} und u_{hk} sammmelt die Anzahl an Denied Boardings auf Flug h und Klasse k.

Das klassenspezifische deterministische, lineare Programming-Modell für flexible Produkte und Overbooking, bezeichnet mit class-specific DLP$_t$-flex-over, kann derart aufgestellt werden:

$$max \sum_{\bar{i}\in\bar{I}} r_{\bar{i}k} \cdot x_{\bar{i}k} + \sum_{j\in J} f_j \cdot \sum_{m\in M_j} y_{jm} - \sum_{h\in H}\sum_{k\in K} d_{hk} \cdot u_{hk} \quad (4.28)$$

$$s.t.: \sum_{\bar{i}\in\bar{I}} \bar{a}_{h\bar{i}} \cdot b_{\bar{i}k} \cdot x_{\bar{i}k} + \sum_{j\in J}\sum_{m\in M_j} a_{hm} \cdot b_{mk} \cdot y_{jm} \leq z_{hk} \quad \forall h \in H, k \in K \quad (4.29)$$

$$x_{\bar{i}k} \leq \overline{D}^s_{\bar{i}kt} \quad \forall \bar{i} \in \bar{I}, k \in K \quad (4.30)$$

$$(\textbf{\textit{class-specific DLP}}_t\textbf{\textit{-flex-over}}) \qquad x_{\bar{i}k} \geq 0 \quad \forall \bar{i} \in \bar{I}, k \in K \quad (4.31)$$

$$\sum_{m\in M_j} y_{jm} \leq \overline{D}^f_{jt} \quad \forall j \in J \quad (4.32)$$

$$y_{jm} \geq 0 \quad \forall j \in J, m \in M_j \quad (4.33)$$

$$u_{hk} \geq z_{hk} \cdot \left(\rho_k \cdot p^f_{hk} + (1-\rho_k)\, p^s_{hk}\right) - c_{hk} \quad \forall h \in H, k \in K \quad (4.34)$$

$$z_{hk} \geq c_{hk} \quad \forall h \in H, k \in K \quad (4.35)$$

$$u_{hk} \geq 0 \quad \forall h \in H, k \in K \quad (4.36)$$

Die Entscheidungsvariablen für das class-specific DLP-flex-over-Modell sind nun mit $x_{\bar{i}k}$, y_{jm}, u_{hk} und z_{hk} gegeben. Dabei bezeichnen $x_{\bar{i}k}$ bzw. y_{jm} die Anzahl anzunehmender spezifischer bzw. flexibler Passagiere, im Falle einer flexiblen Buchung innerhalb Execution-Mode $m \in M_j$. Weiter werden klassenspezifische Überbuchungslimits z_{hk} für Flug h und Klasse k optimiert, wobei die Parameter u_{hk} für die Anzahl abgewiesener Kunden auf Flug h und Klasse k stehen.

Dieses neue Modell kann wie folgt beschrieben werden:
Die Zielfunktion (4.28) maximiert den erwarteten Gesamtrevenue bezüglich eines bestimmten Zeitpunktes t innerhalb des Buchungshorizonts. Dieser gesamte Revenue setzt sich aus dem Revenue, der aus der Annahme von spezifischen und flexiblen Produkten resultiert, zusammen. Davon werden die erwarteten Kosten für abgewiesene Passagiere (Denied Boardings) abgezogen. Im Gegensatz zu den Overbooking-Modellen aus den Kapiteln 4.2.2 und 4.3 werden diese Kosten sowohl über Flüge h als auch über einzelne Klassen k summiert.
Nebenbedingungen (4.29) stellen sicher, dass die Summe von verkauften flexiblen und spezifischen Produkten das Overbooking-Limit nicht übersteigt. Im Gegensatz zu vorigen Modellen wird nun die Kapazität einzelner Klassen auf

den Flügen herangezogen. Dabei stehen wieder nicht die physischen Kapazitäten c_{hk} sondern die Overbooking-Limits z_{hk} aller Flüge $h \in H$ und Klassen $k \in K$ als rechte Seiten von (4.29). Nebenbedingungen (4.30) und (4.32) bewirken, dass die Zuordnung von Produkten kleiner oder gleich der erwarteten Nachfrage von spezifischen and flexiblen Produkten ist. (4.31) und (4.33) stellen die Nichtnegativität der Allokationen sicher. Diese Nebenbedingungen sind äquivalent zu den in den vorigen Kapiteln beschriebenen DLP-Modellen ohne Aufteilung nach verschiedenen Klassen.
Nebenbedingungen (4.34) – (4.36) stehen für die Overbooking-Erweiterung: Bedingungen (4.34) sammeln die Menge an Denied Boardings, welche die Differenz aus erscheinenden Kunden und der physischen Kapazität darstellt. Neu dabei ist die Modellierung der Show-Rate, die eine Aufteilung der Wahrscheinlichkeit der Nutzung einer Buchung in beide Produktkategorien erlaubt. Auf diesen Aspekt wird in den weiteren Ausführungen genauer eingegangen. (4.35) sichert, dass die Overbooking-Limits nicht kleiner als die physischen Kapazitäten auf jedem Flug und jeder Klasse sind, während (4.36) sicherstellt, dass die Anzahl an abgewiesenen Kunden für alle Flüge $h \in H$ und Klassen $k \in K$ nicht negativ ist.

4.4.2 Wichtige Eigenschaften des DLP-Modells

In diesem Abschnitt werden wesentliche Eigenschaften des klassenspezifischen DLP-flex-over-Modells vorgestellt und diskutiert. Insbesondere wird darauf eingegangen, inwieweit in der neuen Modellierung Aspekte der in Kapitel 4.2 beschriebenen deterministischen, linearen Programme aufgegriffen bzw. welche bedeutsamen Erweiterungen entwickelt werden.
Ziel der Modellierung ist die Ausbalancierung von spezifischer und flexibler Nachfrage durch zwei Komponenten. Zum einen können Flüge in unterschiedlichem Ausmaß überbucht werden und zum anderen durch die Annahmesteuerung von flexiblen Kunden eine Zuordnung zu Routen und Klassen mit geringerer Auslastung vorgenommen werden.
Daneben sind wichtige Eigenschaften im Einzelnen zu nennen:

- Simultane Betrachtung von Overbooking und flexiblen Angeboten.
- Unterscheidung verschiedener Klassen.
- Exakte Darstellung der Wahrscheinlichkeit für die Inanspruchnahme der Leistung (sogenannte Show-Rate).

Die jeweiligen Vorteile der drei Charakteristika werden im Folgenden erläutert und diskutiert. Dazu gibt Tabelle 4.1 einen grundlegenden Überblick.

Wichtige Eigenschaften	Vorteile
Simultane Betrachtung von Overbooking und flex. Produkten	- bessere Kapazitätsauslastung - Erhöhung des Revenues
Unterscheidung verschiedener Klassen	- Effizientere Zuordnung von flexiblen zu spezifischen Produkten - klassenabhängige Überbuchungssteuerung - genauere Kenntnis abgewiesener Kunden
Exaktere Show-Rate	- Aufspaltung der Show-Rate in spezifische und flexible Bucher - Gewichtung beider Werte

Tabelle 4.1: Wichtige Eigenschaften des class-specific DLP-flex-over-Modells.

4.4.2.1 Simultane Betrachtung von Overbooking und flexiblen Angeboten

Trotz des engen Zusammenhangs von Überbuchung und Angebotsdifferenzierung in spezifische und flexible Produkte werden beide Aspekte zwar häufig behandelt, jedoch sequentiell gelöst. Im vorgestellten class-specific DLP-flex-over-Modell werden das Konzept von flexiblen Produkten und Überbuchungsentscheidungen in einem Modell integriert.

Die Vorteile einer simultanen Betrachtung liegen in einer optimierten Kapazitätsauslastung sowie in der Erhöhung des erzielten Gesamtrevenues.

Kapazitäten können jetzt sowohl mit der Verteilung von flexiblen Kunden als auch durch eine entsprechende Überbuchungsstrategie optimiert werden. Weniger nachgefragte Flüge bzw. ganze Routen können mit flexiblen Kunden aufgefüllt werden. Diese bezahlen für ihr flexibles Produkt einen günstigen Tarif, können dafür aber ansonsten ungenutzten Sitzplätzen zugeordnet werden.

Bei der Überbuchungssteuerung wird der Tatsache, dass nicht alle Kunden ihre Buchung nutzen, Rechnung getragen. Während spezifische Bucher, wie beispielsweise zahlungskräftige Geschäftskunden, oft einen gebuchten Flug kurzfristig stornieren müssen, werden flexible Bucher fast immer zum Abflug erscheinen (vgl. dazu die Ausführungen in 4.4.2.3). Kommt es allerdings trotzdem zu einem verweigerten Boarding, kann auch in diesem Fall die Flexibilität bestimmter Passagiere ausgenutzt werden. Während Kunden, die geschäftlich unterwegs sind, auch nicht mit einer entsprechenden Kompensation zufrieden gestellt werden können, ist eine Nichtbeförderung bei Kunden mit geringer Zahlungsbereitschaft, um die es sich meist bei flexiblen Kunden handelt, einfacher zu handhaben. Diese könnten eventuell auf einen späteren Flug verwiesen und mit einem Fluggutschein entschädigt werden.

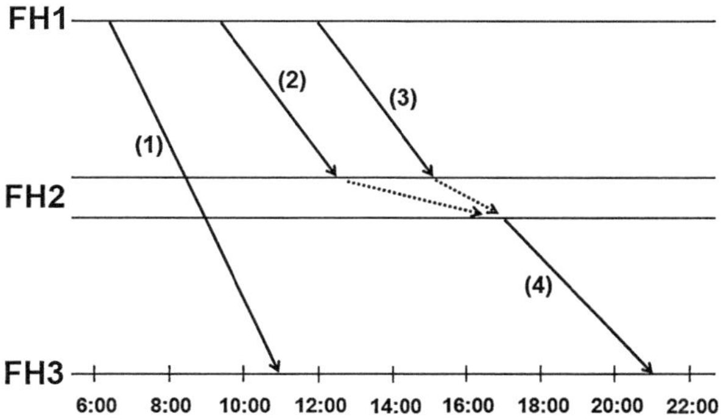

Abbildung 4.2: Lineares Netzwerk mit Zeitangaben und vier Flügen.

Um diesen Sachverhalt anschaulich zu machen, ist in Abbildung 4.2 die bereits bekannte Darstellung eines Netzes mit Zeitangaben innerhalb eines bestimmten Tages gegeben. Dabei sind mit gepunkteten Pfeilen Zwischenlandungen bzw. Umsteigemöglichkeiten in Flughafen FH2 gekennzeichnet.

Es werden insgesamt vier Flüge (1), (2), (3) und (4) angeboten. Dabei stellen (2), (3) und (4) Kurzstreckenflüge von FH1 nach FH2 bzw. von FH2 nach FH3 dar, während (1) einen Langstreckenflug von FH1 nach FH3 wiedergibt. Um also von FH1 nach FH3 zu kommen, kann ein direkter Flug (1) genommen werden oder eine Verbindung mit Umsteigen in FH2, also (2)→(4) oder (3)→(4). Mit vier durchzuführenden Flügen können somit sechs Verbindungen angeboten werden. Anhand der Darstellung soll kurz die Möglichkeit der Erweiterung erklärt werden. Innerhalb der Netzkonfiguration können flexible Produkte von FH1 nach FH2 mit Zuordnung zu (2) oder (3) bzw. von FH1 nach FH3 mit Zuordnung zu (1), (2)→(4) oder (3)→(4) angeboten werden. Dabei ist nur der Anfangsflughafen (Origin) und der Zielflughafen (Destination) festgelegt. Die Airline kann eine entsprechende Zuordnung zu den genannten Routen vornehmen, abhängig von freien Plätzen auf diesen Routen. Im Falle der Definition eines flexiblen Produktes von FH1 nach FH2 können nur die beiden direkten Flüge (2) und

(3) betrachtet werden. Dabei ist eine Zuordnung nur zu der bestimmten Route möglich, allerdings kann eine zeitliche Differenzierung, die sich an einem Flug von 9 bis 12 Uhr oder Flug von 12 bis 15 Uhr zeigt, erfolgen.
Wird auf den entsprechenden Flügen bzw. Routen eine Überbuchung vorgenommen, kann bei notwendigen Denied Boardings die oben beschriebene Überlegung dienen.

4.4.2.2 Unterscheidung verschiedener Klassen

Eine nächste wichtige Neuerung ist die Unterscheidung verschiedener Klassen, die im Airlinebereich Buchungs- bzw. Beförderungsklassen entsprechen. Eine effizientere Zuordnung von flexiblen zu spezifischen Kunden, klassenabhängige Überbuchungssteuerungen sowie die exaktere Kenntnis jeweiliger abgewiesener Kunden stellen in diesem Zusammenhang die hauptsächlichen Vorteile dar.
Im Gegensatz zur Modellierung in den Abschnitten 4.2.3 und 4.3 kann durch das class-specific DLP-flex-over eine klassenabhängige Zuordnung von flexiblen zu spezifischen Produkten vorgenommen werden. So ist es möglich, Kunden, die ein flexibles Produkt gebucht und entsprechend einen günstigen Tarif bezahlt haben, bewusst auf günstige Klassen zu verteilen. Beispielsweise kann auf eine Zuordnung zur ersten Klasse völlig verzichtet werden. Passagiere der ersten Klasse würden es wohl kaum akzeptieren, wenn Kunden mit einem viel niedrigeren Tarif neben ihnen sitzen würden. Außerdem wird damit strategisches Verhalten von flexiblen Kunden, die auf eine Beförderung in exklusiven Klassen hoffen, ausgeschlossen.
Die grundsätzliche Überbuchungsstrategie kann nun von Klasse zu Klasse differenziert werden. So kann beispielsweise in der First Class auf eine Überbuchung ganz verzichtet werden, um nicht Gefahr zu laufen, zahlungskräftige Kunden beim Abflug abzulehnen und dementsprechend hohe Kompensationen zahlen zu müssen. Auch ist eine unterschiedliche Berechnung von Überbuchungslimits möglich. Diese wird durch eine genauere Darstellung der Show-Rate unterstützt (siehe dazu die Ausführungen im folgenden Abschnitt 4.4.2.3).
In diesem Zusammenhang ist ferner eine klassenabhängige Festlegung abgewiesener Kunden möglich. Es kann genau berechnet werden, ob und wie viele Kunden in entsprechenden Klassen abgewiesen werden, falls mehr Kunden zum Abflug erscheinen als es die physische Kapazität innerhalb der Klasse zulässt. Damit muss nicht aggregiert innerhalb des ganzen Fliegers nach Kunden gesucht werden, die durch Leistung einer Kompensation auf andere Flüge verwie-

sen werden, sondern es ist lediglich notwendig, in der ganz bestimmten Klasse Kompensationen anzubieten. Dabei kann ein Suchen gezielt in Klassen, die mit flexiblen Kunden besetzt sind, stattfinden.

4.4.2.3 Exakte Darstellung der Show-Rate

Das letzte wichtige Merkmal des class-specific DLP-flex-over-Modells stellt die genauere Darstellung der Wahrscheinlichkeit der Inanspruchnahme einer Leistung, die auch als Show-Rate bezeichnet wird, dar.
Ganz allgemein gesehen setzt die Anwendung von Überbuchungsmodellen eine geeignete Prognose der Wahrscheinlichkeit der Nutzung einer Buchung auf Basis von Beförderungsklassen voraus. Dabei werden in der Regel diese Wahrscheinlichkeiten nach Stornierungen und No-Shows separat prognostiziert und anschließend zu einer gemeinsamen Show-Rate aggregiert (vgl. Klein/Steinhardt (2008) [135], S. 168).
Für diese Prognosen stehen mit vergangenheitsorientierten Daten sowie mit Informationen über bereits erfolgte Buchungen für einen bestimmten Flug zwei grundsätzliche Gruppen bereit (vgl. Talluri/van Ryzin (2004a) [208], S. 411).
Die erste Gruppe von Daten bezieht sich auf eine Betrachtung der in der Vergangenheit beobachteten Stornierungen und No-Shows je Flug und Beförderungsklasse. Bei Stornierungen ist weiter zu unterscheiden, ob das Computerreservierungssystem zu jedem Zeitpunkt lediglich die aktuelle Gesamtzahl an Buchungen erfasst (Net Bookings) oder ob es die bisherigen Buchungen (Gross Bookings) und Stornierungen separat voneinander speichert (vgl. Klein/Steinhardt (2008) [135], S. 168).[4]
Auf der anderen Seite können Informationen über die bereits erfolgten Buchungen für einen Flug hilfreich sein. Dabei werden sämtliche reiserelevanten Daten eines Passagiers im sogenannten Passenger Name Record gespeichert. Diesen Daten ist beispielsweise der Buchungszeitpunkt zu entnehmen, aber auch, ob der Passagier ein elektronisches Ticket besitzt oder an einem Vielfliegerprogramm teilnimmt. Weitere Informationen beziehen sich auf Hotel- oder Mietwagenbuchungen, auf Platzreservierungen sowie auf spezielle Essenswünsche (vgl. Gorin *et al.* (2006) [106]).

4 Da es im Falle von Net Bookings unklar ist, ob ein Rückgang der Buchungsanzahl um eine Mengeneinheit auf eine Stornierung oder mehrere Stornierungen und eine korrespondierende Anzahl an Neubuchungen zurückzuführen ist, haben fast alle großen Fluggesellschaften auf die Erfassung von Gross Bookings umgestellt.

Beim class-specific DLP-flex-over stellen insbesondere die Aufteilung der Show-Rate in p^s_{hk} bzw. p^f_{hk} für spezifische bzw. flexible Bucher sowie die Einführung eines Faktors ρ_k für den Anteil von flexiblen Buchungen an der gesamten Anzahl an Passagieren in Klasse k die entscheidenden Neuerungen dar.
Dabei ist diese Wahrscheinlichkeit der Nutzung einer Buchung im Modell mit (vgl. dazu Nebenbedingung (4.34) in Abschnitt 4.4.1)

$$\rho_k \cdot p^f_{hk} + (1 - \rho_k) \cdot p^s_{hk} \tag{4.37}$$

gegeben und lässt sich folgendermaßen erläutern:
In vorhergehenden Arbeiten wurden Show-Raten durch einen aggregierten Wert für den gesamten Flug betrachtet. Nun ist eine klassenabhängige Betrachtung möglich (vgl. dazu die Beschreibung in Kapitel 4.4.2.2).
Der Ausdruck im Term (4.37) stellt eine Linearkombination aus p^s_{hk} und p^f_{hk}, gewichtet mit dem Faktor ρ_k, dar. Er trägt der Tatsache Rechnung, dass die Wahrscheinlichkeit, dass ein Kunde zum Abflug erscheint, vom Buchungsverhalten abhängt: Aufgrund seiner zeitlichen Planbarkeit wird die Show-Wahrscheinlichkeit eines flexiblen Kunden wohl annähernd 100% sein. Im Gegensatz dazu ist vermutlich die Wahrscheinlichkeit der Inanspruchnahme für spezifische Kunden entsprechend niedriger. Bei Kunden, die eine exakte Leistung buchen, handelt es sich häufig um Geschäftsreisende. Gerade diesen kann es passieren, dass sie kurz vor Abflug terminlich verhindert sind und kurzfristig den Flug stornieren müssen oder eventuell nicht zum Abflug erscheinen.
Der Faktor $\rho_k \in [0, 1]$ steht dabei für die Gewichtung zwischen beiden Arten von Angeboten und gibt damit an, ob die Show-Rate eher spezifisch oder flexibel ist. Im Falle eines Ausschließens von flexiblen Kunden in bestimmten Klassen ist entsprechend ein Wert von $\rho_k = 0$ gegeben. So ist beispielsweise beim Nichtzuordnen von flexiblen Kunden der ersten Klasse die Show-Rate entsprechend lediglich mit p^s_{hk} gegeben (vgl. dazu Kapitel 4.4.2.2).
Mit dieser Unterteilung kann die Wahrscheinlichkeit, dass ein Kunde auch seinen Platz in Anspruch nimmt, exakter dargestellt und der jeweiligen Situation angepasst werden.

4.4.3 Anwendung und Einsatz des DLP-Modells

Für den Einsatz und die Anwendung des class-specific DLP-flex-over-Modells gibt es wieder mehrere Möglichkeiten, die Vor- und Nachteile aufweisen. Die erste Variante ist der Einsatz des Modells im Rahmen einer angepassten Steuerung mit Bid Prices. Als zweite Variante besteht die Möglichkeit der direkten Verwendung von Buchungslimits. Diese Limits können durch die Lösung des Modells als lineares bzw. als (gemischt-) ganzzahliges Programm (mit entsprechenden Forderungen an die Variablen) bestimmt werden.

Bid Price Steuerung

In den Ausführungen der Abschnitte 4.2 und 4.3 wurden Bid Prices in aggregierter Weise für jeden Flug h bestimmt.

Auch mit dem class-specific DLP-flex-over ist eine ähnliche, jedoch disaggregierte Steuerung möglich. Nun muss ein Bid Price zusätzlich für jede Klasse bestimmt und gespeichert werden. Eine Anfrage ist dabei nicht nur abhängig von der verwendeten Ressource sondern auch von der benötigten Klasse. Eine Buchungssteuerung wird genauso durchgeführt wie bei einer ressourcenbasierten Bid Price-Steuerung.

Demzufolge muss ein Bid Price π_{hkt} für jede Ressource h und jede Klasse k zu bestimmten Zeitpunkten t innerhalb der Buchungsperiode gespeichert werden. Anfragen nach spezifischen und flexiblen Produkten werden angenommen, falls deren Revenuewerte die Summe entsprechender Bid Prices übersteigt (vgl. Abschnitt 4.3.2.2).

Eine zeitliche Buchungssteuerung läuft in analoger Weise zum aggregierten Fall ab. In diesem Fall können Buchungen nur bis zu einem Buchungslimit z_{hk} für jede einzelne Klasse angenommen werden und nicht auf dem ganzen Flieger aggregiert.

Ein Problem bei dieser Verwendung besteht in der oft ungenauen Darstellung der Opportunitätskosten durch Schattenpreise (vgl. dazu die Diskussion in Abschnitt 4.3.2.2). So bilden Bid Prices diese marginalen Werte oft nur ungenau ab und führen häufig zu suboptimalen Revenuewerten.

Berechnung von Buchungslimits

Die zweite Möglichkeit besteht aus der direkten Verwendung von Lösungsvariablen des class-specific DLP-flex-over. Dabei werden x_i bzw. y_{jm} als Buchungslimits für die Annahme spezifischer bzw. flexibler Produkte verwendet. Weiter können Überbuchungslimits z_{hk} sowie die Anzahl abgewiesener Kunden u_{hk} direkt für jede Klasse k auf jedem Flug h berechnet und im Rahmen einer Überbuchungssteuerung eingesetzt werden. Nach gewissen Zeitabständen können diese erhaltenen Werte auf Basis aktualisierter Daten neu berechnet werden.

Für die Berechnung der Variablen kommen zwei Varianten in Frage:

- Lösung des DLP-Modells als lineares Programm
- Lösung des DLP-Modells als (gemischt-) ganzzahliges, lineares Programm

Für die erste Möglichkeit ist die Berechnung eines linearen Programms notwendig. Für dieses, aus komplexitätstheoretischer Sicht, einfache Problem wurden verschiedene Innere-Punkte-Verfahren, die ein Ergebnis in polynomialer Zeit liefern, entwickelt. In der Praxis hat sich jedoch der Simplex-Algorithmus als eines der schnellsten Verfahren herausgestellt, auch wenn dieser im schlechtesten Fall nicht polynomiale Laufzeit hat (vgl. Domschke/Drexl (2007) [71], S. 21).
Bei einer Steuerung sollten die erhaltenen reellen Werte entweder gerundet oder mit der Abrundungsfunktion $\lfloor x \rfloor$, die einer reellen Zahl x die nächstkleinere ganze Zahl zuordnet, angepasst werden. Allerdings liefert eine entsprechende Rundung keine optimale bzw. eventuell eine unzulässige Lösung.
Als zweite Möglichkeit kann explizit eine ganzzahlige Lösung des deterministischen Programms gefordert werden. Damit kann die Lösung direkt, ohne die Durchführung von Anpassungen, für eine Buchungssteuerung verwendet werden. Dabei ist auch eine gemischt-ganzzahlige Lösung denkbar. Diese Lösung benötigt lediglich ganzzahlige Werte für Überbuchungslimits und für die Anzahl zurückgewiesener Kunden bei nicht ganzzahliger Allokation von spezifischen und flexiblen Angeboten.
Eine Schwierigkeit stellt die Komplexität eines ganzzahligen Programms dar. So handelt es sich in diesem Fall um ein NP-schweres Problem (vgl. Nickel *et al.* (2011) [169], S. 202). Da die meisten Standardsoftwarelösungen für dieses Problem auch bei kleineren Beispielen keine Lösung in annehmbarer Zeit liefern, muss auf weitere Produkte, die speziell zur Optimierung ganzzahliger Programme entwickelt wurden, zurückgegriffen werden (siehe dazu die weiteren Ausführungen, im Besonderen die Diskussion von Anwendungsbeispielen in Kapitel 6).

Eine entsprechende ganzzahlige Lösung ist in den Ausführungen des nächsten Kapitels notwendig, da die Modellierung um die Zuordnung von Aircraft-Typen zu Flugaktivitäten bzw. Aktivitäten auf dem Boden erweitert wird. Im Falle einer nur begrenzt vorhandenen Flugzeugflotte ist eine Rundung dieser Menge vorhandener Flugzeuge nicht sinnvoll.

Kapitel 5

Integration von Fleet Assignment

In den bisherigen Ausführungen wurde Revenue Management stets als eigenständiges Gebiet angesehen. Die beschriebene Erlössteuerung stellt allerdings nur einen Teilbereich innerhalb des gesamten Planungsprozesses einer Airline dar. In diesem Kapitel wird deshalb die Modellierung im Network Revenue Management um eine Flottenzuordnung erweitert. Ein derartiges Fleet Assignment beinhaltet die Zuordnung von Flugzeugen bzw. Flugzeugtypen zu angebotenen Flügen und Aktivitäten auf dem Boden. Im Zuge eines Re-Fleetings ist ferner eine Veränderung dieser Zuweisung im Verlaufe des Buchungszeitraums möglich.
Nach einer Übersicht über Problembereiche innerhalb der Airlineplanung wird die Einordnung von Revenue Management in den Planungsprozess beschrieben. Ausgehend von den in Kapitel 4 vorgestellten klassenspezifischen DLP-Modellen werden Strategien einer Flottenzuordnung integriert. Eine Charakterisierung wichtiger Aspekte stellt die zusätzlichen Möglichkeiten dieser neuen Formulierungen heraus.

5.1 Der Planungsprozess im Airlinebereich

Revenue Mangement bildet einen wichtigen Problembereich innerhalb der gesamten Planung einer Fluggesellschaft und erfolgt meist nach der Entwicklung eines Flugplans (vgl. Barnhart *et al.* (2003) [10]). Die Aufstellung des Flugplans einer Airline (Schedule Development bzw. Design) besteht aus der Entscheidung über das Angebot einer Menge von einzelnen Flügen (Flight Legs) mit festgelegten Start- und Landezeiten innerhalb einer bestimmten Periode. Dabei ist dieser Fahrplan in der Regel für einige Monate festgelegt und wird nur marginal von Monat zu Monat verändert (vgl. Gopalan/Talluri (1998a) [104]).

Die Planung und Steuerung eines Airline Schedules, welcher alle Planungsentscheidungen für die Operationalisierung eines Fahrplans beinhaltet, ist Gegenstand der Ausführungen in den folgenden Kapiteln 5.1.1 und 5.1.2.

5.1.1 Problembereiche in der Airlineplanung

Problembereiche im Rahmen des Planungsprozesses einer Airline werden in einer Reihe von Arbeiten behandelt (vgl. dazu u.a. die Überblicksartikel von Gopalan/Talluri (1998a) [104], Barnhart *et al.* (2003) [10], Sherali *et al.* (2006) [190] sowie Ball *et al.* (2007) [8]).
Dabei liegt der Fokus von Barnhart *et al.* (2003) [10] in der Vorstellung von Techniken des Operations Researchs beim Einsatz in verschiedenen Airlinebereichen. Neben der Beschreibung von Flotten- und Crewplanung wird Einblick in Operations Research-Anwendungen im Revenue Management gegeben. Mit der Darstellung von Einsatzmöglichkeiten in der globalen Luftfahrt-Infrastruktur wird noch ein Schritt weitergegangen. Dieses gesamte Aviatik-System wird in das Management der eigentlichen Flugaktivitäten (Air Traffic Management)[1] und die Steuerung am Flughafen (Airport System) getrennt. Dabei werden im letzteren Fall luftseitige (airside) bzw. landseitige (landside) Einrichtungen innerhalb des Airportbetriebes unterschieden. Während luftseitige Fragestellungen in erster Linie die zeitliche Optimierung der Nutzung von Start- und Landebahn, Rollfeld und Vorfeld betreffen, beschäftigen sich landseitige Entscheidungen mit der Gebäudeinfrastruktur sowie dem Hol- und Bringdienst von Passagieren.
Demgegenüber behandeln Gopalan/Talluri (1998a) [104] die Entwicklung, Planung und Durchführung des Flugplans einer Airline (Airline Schedule Planning). Dieser Prozess setzt sich aus einer Reihe verschiedener Unterprobleme zusammen.

1 Zu einer allgemeinen Darstellung der Steuerung von Flugbewegungen vgl. insbesondere Barnhart *et al.* (2012) [11].

Im Einzelnen sind folgende Probleme Bestandteil des Prozesses der Flugplangestaltung (vgl. im Folgenden Gopalan/Talluri (1998a) [104]):

Schedule Development: Aufstellen eines grundsätzlichen Flugplanes.

Basierend auf dem grundlegenden Geschäftskonzept einer Airline (Angebot von Punkt-zu-Punkt-Flügen oder Steuerung über ein Airline-Netz) sind Entscheidungen über anzufliegende Städte bzw. Airports sowie über die Auswahl von Knotenpunkten oder angebotenen Routen zu treffen. Innerhalb einzelner Flüge oder Verbindungen werden Zeitfenster oder exakte Uhrzeiten mit/ohne Umsteigen festgelegt. Wichtig sind in diesem Zusammenhang das Verhalten gegenüber Konkurrenzanbietern sowie Nachfrageprognosen.

Fleet Assignment: Zuordnung von Equipment (Flugzeugen) zu einzelnen Flügen, die eventuell Bestandteil eines gesamten Flugnetzes sind.

Diese Zuordnung soll effizient sein. Es soll also kein Flugzeug mit großer Kapazität einem Leg mit geringer Nachfrage zugeordnet werden, da sonst unnötig Kosten für Treibstoff oder fixe Landekosten entrichtet werden müssten. Andererseits soll nicht ein Flieger mit geringer Kapazität ein Leg mit hoher Nachfrage durchführen, um nicht Passagiere abweisen zu müssen und damit eventuell Erlöse einzubüßen (vgl. Sherali *et al.* (2010) [188]).[2]

Through Flight Selection: Auswahl einer Menge von Flügen, die von demselben Flugzeugtyp durchgeführt werden.[3]

Ein Through Flight stellt eine Flugverbindung ohne Umsteigen dar. Dabei ist das erste Ziel dieser Flugfolge meist ein Hub und daran anschließend mindestens ein weiterer Flug. Beispielsweise kann eine Reise von Hamburg nach Palma de Mallorca mit Zwischenlandung in München als Flug ohne Umsteigen (engl. Through Flight) interpretiert werden.[4]

2 Diese Problemstellung wird in den Ausführungen von 5.3 und 5.4 eingehend behandelt.

3 Diese Fragestellung wird oft auch als Teilproblem des folgenden Routings gesehen (vgl. Lohatepanont/Barnhart (2004) [155] und Papadakos (2009) [172]).

4 Ein Through Flight ist jedoch nicht zu verwechseln mit einem Direct Flight, der eine Verbindung ohne Zwischenlandung darstellt.

Passagiere eines Through Flights müssen nicht umsteigen und gehen somit Wartezeiten auf dem Airport oder möglicherweise dem Problem von fehlgeleitetem Gepäck aus dem Weg. Lediglich zum Betanken ist meist ein kurzer Verbleib am Boden notwendig.

Maintenance Routing: Entwicklung eines Planes für die Wartung der eingesetzten Flugzeugflotte.

Einzelnen Flugzeugen vom gleichen Typ werden Routen zugeordnet, um nach gewissen Zeiten Wartungs- oder Instandhaltungsarbeiten des Equipments durchzuführen (vgl. Gopalan/Talluri (1998b) [105] und Liang *et al.* (2011) [149]). Diese sind nur an bestimmten Flughäfen (Maintenance Stations) möglich und unterliegen Restriktionen, welche Dauer der durchzuführenden Arbeiten oder den zeitlichen Abstand zwischen Wartungen betreffen. Flugzeugtypen rotieren dabei zwischen den jeweiligen Flugfolgen, die im Englischen Line-of-Flights genannt werden.[5]

Flight Numbering: Zuweisung von Flugnummern für Flüge des aktuellen Flugplans.

Die Vergabe von Flugnummern soll möglichst konsistent mit vorherigen Flugplänen sein. Falls die dem Passagier zum Zeitpunkt der Buchung mitgeteilte Nummer verändert wird, muss diese dem Kunden mitgeteilt werden. Dieser Prozess, der im Englischen als Re-Accomodation bezeichnet wird, verursacht jedoch zusätzliche Kosten.

Crew Scheduling: Auswahl und Planung der Besatzung für durchzuführende Flüge.

In einem ersten Schritt werden dazu sogenannte Pairings erstellt. Diese legen Flugfolgen fest, die von einer Crew in einer bestimmten Anzahl an Tagen bewältigt werden können. Zu berücksichtigen sind dabei gesetzliche Rahmenbedingungen sowie Regelungen aus Tarifverträgen.
In der anschließenden Phase, dem Crew Assignment, erfolgt die Festlegung von Crew-Arbeitsplänen über mehrere Monate hinweg, die als Bidlines oder Rosters bezeichnet werden (vgl. Saddoune *et al.* (2012) [184]). Dazu werden

5 Dieses Problem wird auch als Aircraft Rotation bezeichnet (vgl. Clarke *et al.* (1997) [54]).

jedem Pairing einzelne Crewmitglieder zugeordnet (vgl. Butchers *et al.* (2001) [46] und Schäfer *et al.* (2005) [187]).

Operations: Inbetriebnahme und Durchführung des Flugplans.

Zuständige Einrichtungen der Airline führen den Flugplan aus. Dabei können aufgrund unvorhersehbarer Schwierigkeiten wie Wetterumschwüngen, Streiks oder Ausfall von Equipment Abweichungen vom Plan notwendig sein. Aufgabe ist dabei die schnelle Herstellung eines geregelten Ablaufs, um zum geplanten Schedule zurückzukommen, im Englischen als Recovery bezeichnet.

Diese Lösung der erläuterten Teilprobleme ergibt oft nur einen vorläufigen Flugplan. Im Zuge eines als Re-Fleeting bezeichneten Verfahrens ist beispielsweise eine dynamische Veränderung der Flugzeugzuordnung denkbar (vgl. Berge/Hopperstad (1993) [30], Talluri (1996) [204], Sherali *et al.* (2005) [189], Listes/Dekker (2005) [151], Frank *et al.* (2006) [90] und Jiang/Barnhart (2009) [118]). Dieses Vorgehen wird in den Beschreibungen von 5.3 und 5.4 eingehender beleuchtet.

5.1.2 Steuerung als Sukzessivplanung

In den weiteren Erläuterungen werden die in Abschnitt 5.1.1 vorgestellten Problembereiche zeitlich und inhaltlich miteinander in Beziehung gesetzt.
Zunächst stellt 5.1.2.1 die zeitliche Behandlung und Lösung der Aufgaben im Rahmen einer Sukzessivplanung dar. Da einzelne Probleme jedoch aufeinander aufbauen und Interdependenzen auftreten, werden in 5.1.2.2 Zusammenhänge und damit notwendige simultane Optimierungsansätze der Problemfelder skizziert.

5.1.2.1 Grundsätzlicher Aufbau

Auf die grundlegende Gestaltung des Flugplans einer Airline (Schedule Development) wirken eine Reihe von internen und externen Rahmenbedingungen ein. Zu berücksichtigen ist bei den internen Bedingungen die Marktstrategie einer Airline. Diese grundlegende Geschäftsausrichtung kann ein breites Dienstleistungsspektrum umfassen bzw. eher im Niedrigpreissektor angesiedelt sein und sich durch Steuerung in einem Flugnetz bzw. dem ausschließlichen Angebot von Punkt-zu-Punkt-Flügen dokumentieren (vgl. dazu die Ausführungen aus Abschnitt 2.2.3.1). Weitere Bedingungen sind in der Anzahl und Qualifikation von Mitarbeitern sowie im vorhandenen Equipment zu sehen. Diese Ausstattung zeigt sich beispielsweise in der Flottenstärke sowie den Kapazitäten, in möglichen Kabineneinteilungen und der Reichweite verfügbarer Flugzeugtypen. Neben dem Verhalten gegenüber Konkurrenten spielen externe Faktoren wie örtliche Rahmenbedingungen oder vorhandene Nachfrage eine entscheidende Rolle.

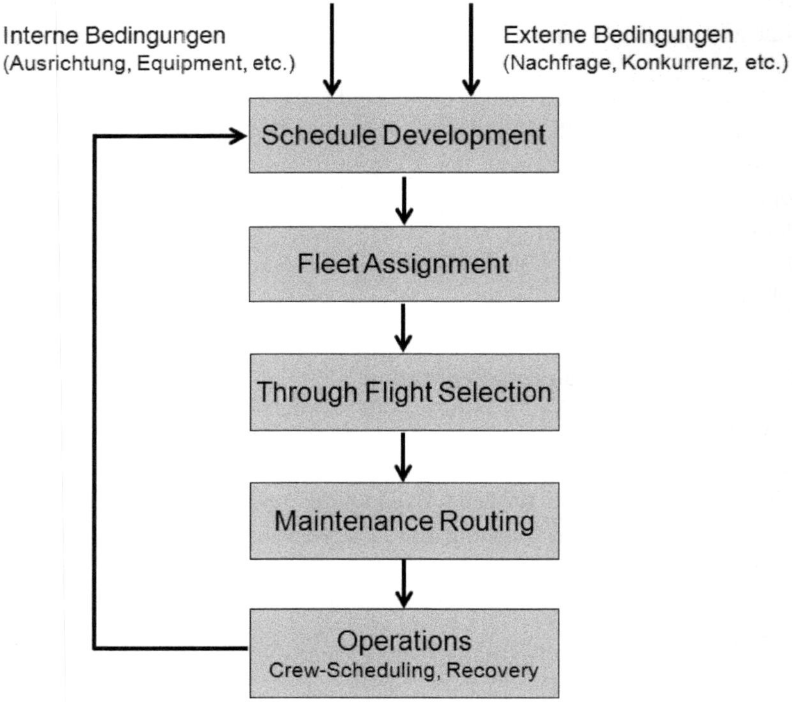

Abbildung 5.1: Problembereiche der Airlineplanung im Überblick (in Anlehnung an Gopalan/Talluri (1998a) [104], S. 156).

In Abbildung 5.1 sind der davon ausgehende Aufbau und die zeitliche Abfolge des Planungsprozesses graphisch dargestellt (vgl. Gopalan/Talluri (1998a) [104], S. 156). Nach der Entwicklung eines grundsätzlichen Flugplans (Schedule Development) werden verfügbare Flugzeuge bzw. -typen durchzuführenden

Flügen zugeordnet (Fleet Assignment). Im Anschluss wird für jeden Flughafen entschieden, welche ankommenden Flugzeuge nur einen Zwischenstopp machen (Through Flights) bzw. bei welchen ein Aus- oder Umsteigen notwendig ist (sogenannte Turns). In einem nächsten Prozess wird das Routing der einzelnen Flieger gemäß notwendiger Wartungen oder Instandhaltungen, die nur an geeigneten Airports möglich sind, festgelegt (Maintenance Routing). Den letzten Punkt bildet die konkrete Steuerung (Operations), die sich in der Crew-Planung sowie durchzuführenden Recovery-Aktionen zeigt. Mit Informationen aus der jeweiligen Durchführung wird dann nach einem gewissen Zeitverlauf ein neuer, eventuell veränderter bzw. optimierter Fahrplan aufgestellt.

5.1.2.2 Interdependenzen der einzelnen Stufen

Die sukzessive Modellierung und Lösung der in Abschnitt 5.1.1 vorgestellten Probleme bildet den Grundbaustein vieler Planungskonzepte. Allerdings existieren zwischen den einzelnen Problemen Zusammenhänge, die in geeigneter Form berücksichtigt werden sollten (vgl. Barnhart *et al.* (1998) [17] und Barnhart/Cohn (2004) [13]). Eine durchaus sinnvolle ganzheitliche Lösung aller Subprobleme scheitert jedoch an der Komplexität der Optimierung. Stattdessen wird der Versuch unternommen, zwei oder mehrere Probleme simultan zu modellieren (vgl. Rushmeier/Kontogiorgis (1997) [183], Lohatepanont/Barnhart (2004) [155] und Papadakos (2009) [172]).

Ein enger Zusammenhang besteht zwischen einem Fleet Assignment und dem Maintenance Routing-Problem. Ausgehend von der Zuordnung von Flugzeugtypen zu Flügen muss eine Route für jeden einzelnen Flieger innerhalb eines bestimmten Typs definiert werden, um Wartungsarbeiten nach gewissen Zeiten und an bestimmten Orten, sogenannten Maintenance Stations, zu ermöglichen. Wird nun eine Flugzuordnung ohne Routing-Überlegungen optimiert, kann es vorkommen, dass ein Flugzeug zum Zeitpunkt einer anfallenden Wartung auf einem Flughafen steht, aber dort nicht die dafür notwendigen personellen und technischen Ressourcen vorhanden sind (vgl. Clarke *et al.* (1997) [54]). Bei der konkreten Umsetzung eines Routings sind Start- und Zielflughafen identisch. Dort wird ein Wechsel (engl. Rotation) der einzelnen Flugzeuge durchgeführt. Dementsprechend wird die Integration eines Routings in das Fleet Assignment-Problem von Desaulniers *et al.* (1997) [67], Barnhart *et al.* (1998) [12], Lan *et al.* (2006) [146] sowie Papadakos (2009) [172] untersucht.

Die Beziehung zwischen dem Routing von Aircraft-Typen und der Einsatzplanung für die benötigte Crew wird von Clarke *et al.* (1996) [53] hervorgehoben. Dabei ist zu beachten, dass die entsprechende Crew in Anzahl und Qualifikation sowohl anwesend als auch einsatzbereit ist, d.h. beispielsweise nicht vom Arbeitgeber und Gesetzgeber vorgegebene Ruhezeiten einhalten muss (vgl. Mercier *et al.* (2005) [165]). Modelle, die eine simultane Optimierung von Fleet Assignment und Crew-Planung berücksichtigen, werden von Cordeau *et al.* (2001) [56], Sandhu/Klabjan (2007) [185], Mercier (2008) [164] sowie Gao *et al.* (2009) [99] vorgestellt.
In einigen Arbeiten wird versucht, Fleet Assignment sowohl um Routing- als auch um Crew-Überlegungen zu erweitern (vgl. Cordeau *et al.* (2001) [56] und Dunbar *et al.* (2012) [74]).[6] So beschreiben Dunbar *et al.* (2012) [74] beispielsweise, wie sich Verspätungen in Netzwerken durch die unzureichende Behandlung von Abhängigkeiten zwischen diesen drei einzelnen Problemen ausbreiten können.

Neben der gleichzeitigen Betrachtung von Fleet Assignment und anderen in 5.1.1 vorgestellten Problembereichen sind verschiedene Verallgemeinerungen denkbar (vgl. dazu die Ausführungen in Anhang B).

Revenue Management wird als Teilproblem in der Airline-Planung meist auf einer Entscheidungsstufe, die der Entwicklung eines Flugplans zeitlich nachgelagert ist, behandelt. Einige Arbeiten betrachten jedoch bereits bei der Lösung des Fleet Assignment-Problems Überlegungen einer Erlösoptimierung (vgl. Lohatepanont/Barnhart (2004) [155], Sherali/Zhu (2008) [191] und Barnhart *et al.* (2009) [14]). Daskin/Panayotopoulos (1989) [65], Barnhart *et al.* (2002) [16] und Jacobs *et al.* (2008) [117] integrieren in ihren Fleet Assignment-Modellen ferner auftretende Netzeffekte.

In den folgenden Ausführungen wird eine weitere Modellierung vorgestellt, indem das Problem der Erlössteuerung in den Planungsprozess miteinbezogen wird. Es werden DLP-Modelle entwickelt und analysiert, welche neben den in Kapitel 4 vorgestellten inhaltlichen Revenue Management-Aspekten eine Flottenzuordnung erlauben.

6 Bereits Clarke *et al.* (1996) [53] stellen eine notwendige simultane Optimierung in den Vordergrund.

5.2 DLP-Modell mit Zuordnung von Flugzeugtypen

Im folgenden Abschnitt werden die in Kapitel 4 vorgestellten DLP-Modelle um Überlegungen einer Flottenzuordnung erweitert. Flugzeugtypen unterschiedlicher Kapazität werden durchzuführenden Flügen zugewiesen. Damit werden die Erlöse, resultierend aus der Annahme von spezifischen und flexiblen Produkten, den Kosten für Überbuchungen und den Einsatz verschiedener Flugzeugtypen gegenübergestellt.
Während in 5.2.1 ein entsprechendes DLP-Modell vorgestellt wird, widmet sich 5.2.2 der Erklärung wichtiger Eigenschaften.

5.2.1 Darstellung des DLP-Modells

Für die Zuordnung von Flugzeugtypen zu Flügen müssen zusätzlich zu den bereits erwähnten Größen weitere Bezeichnungen eingeführt werden.
Es sei dazu eine Flotte einer Airline gegeben, bestehend aus einer Menge von Flugzeugtypen (engl. Aircraft-Types) $\tilde{T} = \left\{1, \ldots, |\tilde{T}|\right\}$. Jeder Typ $\tau \in \tilde{T}$ ist durch eine bestimmte Kabinenkonfiguration charakterisiert, ausgedrückt durch die Einteilung in Klassen $K = \{1, \ldots, |K|\}$. Im Gegensatz zur Modellierung aus Abschnitt 4.4 wird nun die klassenspezifische Betrachtung nicht hinsichtlich Flügen h, sondern auf Basis verschiedener Typen τ ausgeführt. Dementsprechend bezeichnet $c_{\tau k}$ die Kapazität von Klasse $k \in K$ in Flugzeugtyp $\tau \in \tilde{T}$. Für die Durchführung eines Fluges entstehen Kosten $cost_{h\tau}$, falls Flugzeugtyp $\tau \in \tilde{T}$ Flug $h \in H$ zugeordnet wird.
Eine Binärvariable $l_{h\tau} \in \{0, 1\}$ gibt diese Zuweisung von Flugzeugtypen zu Flügen an. So ist $l_{h\tau} = 1$, falls Flug h von Flugzeugtyp τ durchgeführt wird, andernfalls ist $l_{h\tau} = 0$.

Mit diesen zusätzlichen Erläuterungen kann das klassenspezifische DLP-Modell mit flexiblen Kunden und Overbooking und der Zuordnung von Flugzeugtypen, class-specific DLP-flex-over with Aircraft-Type Assignment, nun wie folgt aufgestellt werden:[7]

7 Aufgrund von geplanten englischsprachigen Publikationen zu diesem Thema wird für die entwickelten Modelle die englische Bezeichnungsweise benutzt.

$$max \sum_{\bar{i}\in \bar{I}} r_{\bar{i}k} \cdot x_{\bar{i}k} + \sum_{j\in J} f_j \cdot \sum_{m\in M_j} y_{jm} - \sum_{h\in H}\sum_{k\in K} d_{hk} \cdot u_{hk} - \sum_{h\in H}\sum_{\tau\in\tilde{T}} cost_{h\tau} \cdot l_{h\tau} \quad (5.1)$$

$$s.t.: \sum_{\bar{i}\in\bar{I}} \bar{a}_{h\bar{i}} \cdot b_{\bar{i}k} \cdot x_{\bar{i}k} + \sum_{j\in J}\sum_{m\in M_j} a_{hm} \cdot b_{mk} \cdot y_{jm} \leq z_{hk} \quad \forall h \in H, k \in K \quad (5.2)$$

$$x_{\bar{i}k} \leq \overline{D}^s_{\bar{i}kt} \quad \forall \bar{i} \in \bar{I}, k \in K \quad (5.3)$$

(***class-specific DLP$_t$-flex-over with Aircraft-Type Assignment***)

$$x_{\bar{i}k} \geq 0 \quad \forall \bar{i} \in \bar{I}, k \in K \quad (5.4)$$

$$\sum_{m\in M_j} y_{jm} \leq \overline{D}^f_{jt} \quad \forall j \in J \quad (5.5)$$

$$y_{jm} \geq 0 \quad \forall j \in J, m \in M_j \quad (5.6)$$

$$u_{hk} \geq z_{hk} \cdot \left(\rho_k \cdot p^f_{hk} + (1-\rho_k)\, p^s_{hk}\right) - \sum_{\tau\in\tilde{T}} l_{h\tau} \cdot c_{\tau k} \quad \forall h \in H, k \in K \quad (5.7)$$

$$z_{hk} \geq \sum_{\tau\in\tilde{T}} l_{h\tau} \cdot c_{\tau k} \quad \forall h \in H, k \in K \quad (5.8)$$

$$u_{hk} \geq 0 \quad \forall h \in H, k \in K \quad (5.9)$$

$$\sum_{\tau\in\tilde{T}} l_{h\tau} = 1 \quad \forall h \in H \quad (5.10)$$

$$l_{h\tau} \in \{0,1\} \quad \forall h \in H, \tau \in \tilde{T} \quad (5.11)$$

Neben den bekannten Entscheidungsvariablen ($x_{\bar{i}k}$ und y_{jm} für die Annahme von Produkten bzw. u_{hk} und z_{hk} für die Überbuchungssteuerung) gibt $l_{h\tau}$ eine unter Erlös- und Kostengesichtspunkten optimale Zuordnung von Aircraft-Types zu Flügen an.

Das Modell kann im Einzelnen in folgender Weise erklärt werden:
Die Zielfunktion (5.1) stellt die Differenz aus erzielten Erlösen und anfallenden Kosten dar. Dabei enthält der Kostenterm neben Zahlungen für Denied Boardings d_{hk} die Kosten $cost_{h\tau}$ für den Einsatz von Flugzeugtypen, entsprechend der binären Zuordnung $l_{h\tau}$ für Typ τ und Flug h.
Die Kapazitätsrestriktionen (5.2) sowie die Bedingungen (5.3) bis (5.6) für die angebotenen Produktvarianten entsprechen den Beschreibungen des klassenspezifischen DLP-flex-over-Modells aus Abschnitt 4.4.1. Die Restriktionen für eine untere Schranke der Anzahl abgewiesener Kunden ((5.7) und (5.9)) müssen für Bedingungen (5.7) nun entsprechend angepasst werden. So ist die Differenz aus erschienenen Kunden und verfügbarer Kapazität abhängig vom eingesetzten Flugzeugtyp τ. Ebenso bedingen die verwendeten Typen τ die Bestimmung von Überbuchungslimits z_{hk}, ausgedrückt durch (5.8). Die Gleichungen (5.10)

stellen sicher, dass jedem durchzuführenden Flug im Netzwerk nur genau ein Flugzeugtyp zugeordnet wird, während die Entscheidungsvariablen $l_{h\tau}$ in (5.11) ganzzahlig-binär sind.

5.2.2 Beschreibung des DLP-Modells

Mit dem DLP-flex-over-Modell mit Aircraft-Type Assignment wird eine nächste Erweiterung der DLP-Modellierung vorgestellt. Dabei werden die bereits in 4.4.2 erwähnten Eigenschaften erhalten sowie weitere Steuerungselemente entwickelt. Im Einzelnen sind die folgenden Aspekte hervorzuheben:

- Während bei klassischen Revenue Management-Anwendungen Kapazitäten stets als fix angenommen werden, wird nun eine variable Zuordnung von Flugzeugtypen erlaubt. Ein Vorteil einer solchen Modellierung liegt in einer möglichen Reaktion auf kurzfristige Nachfrageveränderungen und damit dem Einsatz einer Maschine entsprechender Kapazität bzw. Kabinenkonfiguration.
  Bei der Modellierung in 5.2.1 werden Restriktionen mit den vorgegebenen Kapazitäten c_{hk} durch die Kapazitäten der einzelnen Fliegertypen $c_{\tau k}$, entsprechend der binären Zuordnungsvariable $l_{h\tau}$, ersetzt. Zusätzlich sichern Restriktionen (5.10) die Durchführbarkeit jedes Fluges h durch Zuordnung genau eines Flugzeugtyps τ.

- Ein weiterer Gesichtspunkt besteht in der Betrachtung einer Optimierung sowohl aus Kunden- als auch aus Anbietersicht. Aus dem Blickwinkel einer Airline als Anbieter wird eine Zuordnung von Flugzeugtypen τ zu Flügen h durchgeführt und damit auf die optimale Verwendung der Flotte gezielt. Im Gegensatz dazu erfolgt eine Überbuchung aus Kundensicht auf Basis von Klassen k innerhalb von Flügen h. Entsprechend bleiben die Parameter z_{hk} und u_{hk} unverändert.

- DLP-Modelle können als lineare oder ganzzahlige Probleme gelöst werden (vgl. dazu die Diskussion in 4.4.3). Durch die Einführung eines Aircraft-Type Assignments werden nun ganzzahlig-binäre Zuordnungsvariablen $l_{h\tau}$ gefordert. Damit ist eine ganzzahlige oder gemischt-ganzzahlige Lösung denkbar. Auf diesen Aspekt wird noch näher in den Ausführungen von 5.4.2 eingegangen.

In den weiteren Beschreibungen wird eine zusätzliche Verallgemeinerung um ein integriertes Fleet Assignment vorgestellt.

5.3 DLP-Modell mit Fleet Assignment

Im folgenden Abschnitt wird die Erweiterung des DLP-Modells um ein vollständig integriertes Fleet Assignment vorgestellt. Nachdem in 5.3.1 ein Fleet Assignment-Modell entwickelt wird, erfolgt in 5.3.2 die Integration in die Modellierung aus Kapitel 4.

5.3.1 Fleet Assignment-Modell

Bereits in den 1950er-Jahren bildeten Transportprobleme die Grundlage für die Entwicklung von Verfahren der mathematischen Optimierung. So stellten Ferguson/Dantzig (1956a) [87] und Ferguson/Dantzig (1956b) [88] die Flottenzuordnung als lineares Programm dar und setzten den Fokus auf die Lösbarkeit dieser Modellierung.
In weiteren Arbeiten wird das Fleet Assignment-Problem als ganzzahliges Modell formuliert. Im Einzelnen sind die Arbeiten von Abara (1989) [1], Dillon *et al.* (1993) [69] und Subramanian *et al.* (1994) [200] zu nennen. Neben der formalen Darstellung werden von Hane *et al.* (1995) [109] Hinweise auf Verallgemeinerungen der grundsätzlichen Problematik eines Fleet Assignments gegeben (vgl. dazu insbesondere Anhang B).
Gu *et al.* (1994) [108] stellen die Komplexität des Problems in den Vordergrund. So widmen sich eine Reihe von Arbeiten der Entwicklung effizienter Lösungverfahren für ganzzahlige Programme, die Grundlage für viele Anwendungen im Airlinebereich darstellen (vgl. Barnhart *et al.* (1998) [15], Cordeau *et al.* (2001) [56] und Klabjan (2005) [131]).

5.3.1.1 Darstellung des Fleet Assignment-Modells

Im Folgenden wird ein Grundmodell des Fleet Assignments entwickelt. Dieses basiert auf einer Verallgemeinerung der Darstellung von Gopalan/Talluri (1998a) [104], in welchem von einem täglich gleichen Abflug- und Landeplan ausgegangen wird (Daily Fleet Assignment). Dazu werden notwendige Basisnebenbedingungen integriert. Diese sollen die Durchführung des Flugplans, die Gleichheit der Anzahl landender und abfliegender Flugzeuge sowie die Einhaltung der Flottenkapazität sichern.

Für diese simultane Formulierung von Fleet Assignment und DLP-Modellen ist die Einführung weiterer Notationen notwendig.

Neben dem Angebot von Flügen $H = \{1, \ldots, |H|\}$ ist die Durchführung von Ground-Aktivitäten $G = \{1, \ldots, |G|\}$ erforderlich.[8] Flug- und Ground-Aktivitäten bilden den Aktivitätenraum $Act = \{act \,|\, act \text{ ist eine Aktivität}\}$ einer Airline, d.h. $Act = H \cup G$. Aktivitäten werden in Beziehung zu einer bestimmten Periode ausgeführt. Dabei wird eine Menge von Aktivitäten definiert, die den Periodenanfang überschreiten, jedoch noch in der betrachteten Periode enden, also $Bord = \{\text{act} \mid \text{Beginn von } act \text{ findet vor der Periode statt und das Ende von } act \text{ in der aktuellen Periode}\}$. Diese Border-Aktivitäten können Flüge $h \in H$ oder Ground-Aktivitäten $g \in G$ sein, so dass gilt: $Bord \subset H \cup G = Act$. Für die verschiedenen Flugzeugtypen $\tilde{T} = \left\{1, \ldots, |\tilde{T}|\right\}$ ist jeweils eine Anzahl Kap_τ von Flugzeugtyp $\tau \in \tilde{T}$ gegeben. In einem betrachteten Netzwerk wird eine Menge von Airports $N = \{1, \ldots, |N|\}$ angeflogen. Bei diesen Airports $n \in N$ gibt es ein- und ausgehende Aktivitäten in jeder Periode. Dazu sind Mengen $In\,(n) = \{act \mid \text{Ende von Aktivität } act \text{ findet in } n \text{ in der Periode statt}\}$ und $Out\,(n) = \{act \mid \text{Beginn von Aktivität } act \text{ findet in } n \text{ in der Periode statt}\}$ bezüglich eines bestimmten Airports $n \in N$ definiert.

Damit kann das Fleet Assignment-Problem als binäres Optimierungsmodell auf diese Weise formuliert werden:

$$min \sum_{act \in Act} \sum_{\tau \in \tilde{T}} cost_{act,\tau} \cdot l_{act,\tau} \tag{5.12}$$

$$s.t.: \sum_{act \in Bord} l_{act,\tau} \leq Kap_\tau \quad \forall \tau \in \tilde{T} \tag{5.13}$$

(***Fleet Assignment***)

$$\sum_{\tau \in \tilde{T}} l_{act,\tau} = 1 \quad \forall act \in Act \tag{5.14}$$

$$\sum_{act \in In(n)} l_{act,\tau} = \sum_{act \in Out(n)} l_{act,\tau} \quad \forall n \in N, \tau \in \tilde{T} \tag{5.15}$$

$$l_{act,\tau} \in \{0,1\} \quad \forall act \in Act, \tau \in \tilde{T} \tag{5.16}$$

8 Derartige Aktivitäten auf dem Boden können neben der Betankung des Fliegers verschiedene Wartungs- und Instandhaltungsarbeiten sein.

Ziel des Fleet Assignment-Modells ist die Minimierung von Kosten durch eine entsprechende Zuweisung von Flugzeugtypen, ausgedrückt durch die Entscheidungsvariablen $l_{act,\tau}$. Kosten entstehen dabei sowohl bei der Durchführung von Flügen h als auch bei der Ausübung von Ground-Aktivitäten g (vgl. dazu die Zielfunktion (5.12)).
Die Nebenbedingungen (5.13) stellen sicher, dass die Anzahl der eingesetzten Flugzeuge vom Typ τ die vorgegebenen Flotten-Kapazitäten nicht übersteigt (Equipment Count Constraints). Es werden dabei die zuvor definierten Border-Aktivitäten, die also zeitlich über den Beginn der betrachteten Periode hinweg verlaufen und in dieser Periode enden, gezählt. Die Zuordnung genau eines Flugzeugtyps zu jeder Aktivität (Flug bzw. Aktivität am Boden) bewirken die Restriktionen (5.14) (Cover Constraints). Die Flussbedingungen (Flow Balance Constraints) (5.15) sichern für jeden Airport die Gleichheit der Anzahl ein- und ausgehender Aktivitäten in jeder Periode. Schließlich stehen die Bedingungen (5.16) für die geforderte Binärität der Entscheidungsvariablen.

5.3.1.2 Erläuterungen zum Fleet Assignment-Modell

Das Prinzip der Modellierung des Fleet Assignments wird in Abbildung 5.2 graphisch veranschaulicht. Dazu werden zwei Flughäfen $n = 1, 2$ sowie verschiedene Flug- und Ground-Aktivitäten aufgezeigt.

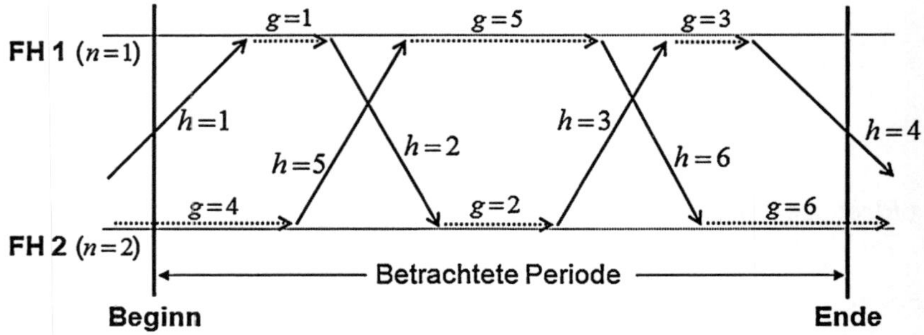

Abbildung 5.2: Grundprinzip der Darstellung des Fleet Assignment-Modells.

Aktivitäten $act \in Act$ sind dabei durch Pfeile gekennzeichnet. So sind Flüge $h = 1, \ldots, 6$ mit durchgezogenen Pfeilen sowie Aktivitäten auf dem Boden $g = 1, \ldots, 6$ mit gepunkteten Pfeilen dargestellt. Pfeile $h = 1$ bzw. $g = 4$

kennzeichnen Border-Aktivitäten. Eine Optimierung findet bezüglich der betrachteten Periode statt, so dass nur Aktivitäten, die in dieser Periode enden, berücksichtigt werden. Von den Aktivitäten, die über Periodengrenzen hinweg verlaufen, werden lediglich $h = 1$ und $g = 4$ gezählt, während die Erlöse und Kosten, resultierend aus $h = 4$ und $g = 6$, erst in der folgenden Periode betrachtet werden.

Während in der Zielfunktion des Fleet Assignment-Modells aus Abschnitt 5.3.1.1 die Kosten für den Einsatz der Flugzeugtypen minimiert werden, kann das Prinzip der Nebenbedingungen am Beispiel von Abbildung 5.2 folgendermaßen erläutert werden:
Zunächst muss zu jeder Aktivität act genau ein Flugzeugtyp τ zugeordnet werden (Cover Constraint). Für die Bestimmung der Anzahl eingesetzter Flugzeugtypen wird ein Zeitpunkt fixiert, nämlich der Beginn einer Periode, um die Einhaltung der Kapazitätsbeschränkung zu sichern (Equipment Count). Die Flow Balance-Bedingung muss für jeden Airport erfüllt sein. Beispielsweise stellen bei der Betrachtung von FH1 ($n = 1$) alle eingehenden Pfeile $h = 1, 3, 5$ bzw. $g = 1, 3, 5$ In-Aktivitäten dar. Demgegenüber sind $h = 2, 4, 6$ und $g = 1, 3, 5$ Out-Aktivitäten bezüglich $n = 1$. Zu beachten ist dabei, dass Aktivitäten $h = 1, 3, 5$ bzw. $h = 2, 4, 6$ ein- bzw. ausgehende Aktivitäten darstellen, während Aktivitäten $g = 1, 3, 5$ gleichzeitig In- und Out-Aktivitäten von $n = 1$ sind.

5.3.2 Fleet-DLP-Modell

Mit den bekannten Notationen kann nun ein integratives Modell entwickelt werden, bei dem Fleet Assignment und DLP-Formulierungen simultan modelliert und gelöst werden.

Das klassenspezifische DLP-Modell mit Flottenzuordnung, class-specific Fleet-DLP-flex-over, kann so dargestellt werden:

$$max \sum_{\bar{i} \in \bar{I}} r_{\bar{i}k} \cdot x_{\bar{i}k} + \sum_{j \in J} f_j \cdot \sum_{m \in M_j} y_{jm}$$

$$- \sum_{h \in H} \sum_{k \in K} d_{hk} \cdot u_{hk} - \sum_{act \in Act} \sum_{\tau \in \tilde{T}} cost_{act,\tau} \cdot l_{act,\tau} \quad (5.17)$$

$$s.t.: \sum_{\bar{i} \in \bar{I}} \bar{a}_{h\bar{i}} \cdot b_{\bar{i}k} \cdot x_{\bar{i}k} + \sum_{j \in J} \sum_{m \in M_j} a_{hm} \cdot b_{mk} \cdot y_{jm} \leq z_{hk} \quad \forall h \in H, k \in K \quad (5.18)$$

$$x_{\bar{i}k} \leq \overline{D}^s_{\bar{i}kt} \quad \forall \bar{i} \in \bar{I}, k \in K \quad (5.19)$$

(***class-specific Fleet-DLP$_t$-flex-over***)

$$x_{\bar{i}k} \geq 0 \quad \forall \bar{i} \in \bar{I}, k \in K \quad (5.20)$$

$$\sum_{m \in M_j} y_{jm} \leq \overline{D}^f_{jt} \quad \forall j \in J \quad (5.21)$$

$$y_{jm} \geq 0 \quad \forall j \in J, m \in M_j \quad (5.22)$$

$$u_{hk} \geq z_{hk} \cdot \left(\rho_k \cdot p^f_{hk} + (1 - \rho_k) \, p^s_{hk} \right) - \sum_{\tau \in \tilde{T}} l_{h\tau} \cdot c_{\tau k} \quad \forall h \in H, k \in K \quad (5.23)$$

$$z_{hk} \geq \sum_{\tau \in \tilde{T}} l_{h\tau} \cdot c_{\tau k} \quad \forall h \in H, k \in K \quad (5.24)$$

$$u_{hk} \geq 0 \quad \forall h \in H, k \in K \quad (5.25)$$

$$\sum_{act \in Bord} l_{act,\tau} \leq Kap_\tau \quad \forall \tau \in \tilde{T} \quad (5.26)$$

$$\sum_{\tau \in \tilde{T}} l_{act,\tau} = 1 \quad \forall act \in Act \quad (5.27)$$

$$\sum_{act \in In(n)} l_{act,\tau} = \sum_{act \in Out(n)} l_{act,\tau} \quad \forall n \in N, \tau \in \tilde{T} \quad (5.28)$$

$$l_{act,\tau} \in \{0,1\} \quad \forall act \in Act, \tau \in \tilde{T} \quad (5.29)$$

Das Modell kann auf folgende Weise erklärt werden:
Die Zielfunktion (5.17) ist identisch zu der Formulierung aus Kapitel 5.2. Allerdings beinhalten die Zuordnungsvariablen $l_{act,\tau}$ des Fleet Assignment-Modells eine Verallgemeinerung, indem sowohl Flüge h als auch Ground-Activities g betrachtet werden.

Die Nebenbedingungen müssen entsprechend angepasst werden, wobei die Restriktionen (5.18) für die Einhaltung der Kapazitäten sowie (5.19) bis (5.22) für die Annahme von spezifischen und flexiblen Produkten im Vergleich mit

der Formulierung aus Kapitel 5.2 nicht verändert worden sind. Entsprechendes gilt auch bei den Ausdrücken (5.23) bis (5.25), wobei für die Überbuchungserweiterung lediglich die Zuordnungvariablen für die Flugaktivitäten zu beachten sind.
Restriktionen (5.26) bis (5.29) stehen für die Nebenbedingungen des Fleet Assignments.

Bemerkenswert ist die Anpassung der Zuordnungsvariablen $l_{act,\tau}$, wobei $l_{h\tau}$ bezüglich Flügen bzw. $l_{g\tau}$ bezüglich Ground-Aktivitäten Verwendung finden. Eine genauere Charakterisierung erfolgt in Kapitel 5.4.

5.4 Beschreibung des Fleet-DLP-Modells

In diesem Abschnitt wird auf einzelne Gesichtspunkte des klassenspezifischen Fleet-DLP-flex-over-Modells eingegangen. Nach der Vorstellung wichtiger Charakteristika in 5.4.1 werden in 5.4.2 Hinweise auf eine mögliche Verwendung einer Lösung des Modells gegeben.

5.4.1 Wichtige Eigenschaften des DLP-Modells

Das klassenspezifische Fleet-DLP-Modell mit flexiblen Angeboten und Overbooking liefert eine Reihe gleichzeitig anwendbarer Steuerungsmöglichkeiten. So ist es nun realisierbar, Annahmeentscheidungen für eingehende Anfragen für spezifische und flexible Produkte, Strategien einer Überbuchung sowie den Einsatz der verfügbaren Flugzeugflotte simultan und klassenspezifisch zu optimieren.
Der entscheidende Nutzen dieser integrativen Modellierung besteht in der Ausbalancierung von Ressourcenkapazität durch verschiedene Steuerungselemente. Damit kann die flexible Anpassung und Reaktion auf kurzfristige Nachfrageveränderungen weiter verbessert werden. Da nun nicht von festen Kapazitäten ausgegangen wird, kann jeder Flug individuell mit einem großen oder kleinen Flieger durchgeführt werden. Außerdem besteht die Möglichkeit, Maschinen mit unterschiedlicher Kabinenkonfiguration einzusetzen und damit die Kapazitätseinteilung innerhalb eines angebotenen Fluges zu ändern.
Falls beispielsweise unvorhergesehen viele flexible Kunden vorhanden sind und auf einer Route die Größe des ursprünglich zugeordneten Flugzeugs nicht ausreicht, um die gesamte Nachfrage zu befriedigen, bestehen nun folgende Möglichkeiten (falls zu berücksichtigende Kostengesichtspunkte dies nahelegen):

Als erste Option können flexible Kunden, wie bisher, auf eine andere Klasse oder Verbindung, entsprechend eines zulässigen Execution-Modes, gebucht werden. Als nächstes besteht die Möglichkeit einer Überbuchung, wenn die Nachfrage die Kapazität des ursprünglich festgelegten Flugzeuges nur geringfügig übersteigt. Als drittes Steuerungsmittel ist der Einsatz einer neuen, größeren Maschine denkbar. Für eine derartige Strategie müssen erzielte Zugewinne mit entsprechenden Kosten für den Einsatz eines Flugzeuges bzw. für den Wechsel von Fliegern in Beziehung gesetzt werden. In diesem Fall werden Betriebskosten für Personal, Treibstoff, usw. für unterschiedliche Flugzeugtypen in Betracht gezogen.
Entsprechend ist im Falle von überschätzten Nachfragewerten der Einsatz eines kleineren Flugzeugtyps sinnvoll. Damit können ungenutzte Sitzplatzkapazitäten sowie anfallende Betriebskosten vermieden werden.

Neben der Möglichkeit einer integrativen Steuerung können folgende wichtige Charakteristika festgehalten werden:

- Betrachtung von inhaltlichen Aspekten des Revenue Managements,
- Durchführung eines Fleet Assignments,
- Möglichkeit der Erweiterung um Re-Fleeting.

Diese genannten Aspekte werden nun detailliert beschrieben und erläutert.

5.4.1.1 Integration von Revenue Management-Aspekten

Bei der neuen Fleet-DLP-Formulierung bleiben sämtliche Merkmale, die durch das class-specific DLP-flex-over-Modell in Kapitel 4.4 entwickelt wurden, erhalten (vgl. dazu insbesondere die Ausführungen aus Abschnitt 4.4.2). Es ist damit in gleicher Weise eine klassenspezifische Betrachtung sowohl der Annahmepolitik für beide angebotenen Produktarten (spezifische bzw. flexible Produkte) als auch der Überbuchungsstrategie möglich.
Hinsichtlich des Gesichtspunktes einer Erlössteuerung ergeben sich jedoch auch einige Neuerungen. Da Revenue Management und die Einsatzplanung einer Flotte bisher zwei verschiedene Problembereiche darstellten (vgl. Abschnitt 5.1), wurde in den bisherigen Betrachtungen stets von fixen Kapazitäten für Klassen k innerhalb angebotener Flüge h ausgegangen. Da nun für Flüge h verschiedene Flugzeuge bzw. Flugzeugtypen τ, die in Sitzplatzkapazität und/oder Kabinenkonfigurationen gemäß $c_{\tau k}$ variieren, eingesetzt werden, ändern sich die Art der Zuordnung von flexiblen Kunden sowie das Ausmaß einer Überbuchung.

So werden flexiblen Kunden stets Verbindungen, ausgedrückt durch den Execution-Mode M_j für ein flexibles Produkt j, bei denen noch freie Plätze vorhanden sind, zugewiesen. Nun stehen aber Kapazitäten abhängig vom Typ der ausführenden Maschine zur Verfügung. Weiter ist in verschiedenen Flugzeugtypen die Konfiguration entsprechend der Kabineneinteilungen in First, Business oder Economy Class unterschiedlich, so dass es dementsprechend verschiedene Klassenzuordnungsmöglichkeiten gibt.

Ebenso bedingt die Zuweisung eines Flugzeugtyps die Overbooking-Strategie, da sich für einen Flug, der mit einer Maschine mit 400 Sitzplätzen durchgeführt wird, andere Möglichkeiten bieten, als wenn demselben Flug eine Maschine mit nur 200 Sitzen zugeordnet wird.

Zu beachten ist in diesem Zusammenhang, dass die beschriebenen Revenue Management-Aspekte stets aus Kundensicht formuliert sind. Deshalb werden Execution-Modes $M_j \subset \bar{I}$ bzw. Überbuchungslimits z_{hk} und die Anzahl abgewiesener Kunden u_{hk} auf Basis von Verbindungen $\bar{I}$ bzw. Flügen h und Klassen k beschrieben (vgl. dazu auch Abschnitt 5.2.2).

5.4.1.2 Durchführung eines Fleet Assignments

Neben Gesichtspunkten des Revenue Managements wird aus Sicht des Anbieters die Optimierung des Einsatzes der Flugzeugflotte angestrebt. Zur Einbeziehung eines Fleet Assignments werden dementsprechend Zielfunktion angepasst sowie zusätzliche Nebenbedingungen eingeführt (vgl. dazu Abschnitt 5.3.2).

Im Gegensatz zur Beschreibung von Abschnitt 5.1.2 wird eine Flottenzuordnung nun unter Erlösgesichtspunkten optimiert. Dazu wird der Aktivitätenraum, der bisher lediglich aus Flügen bestand, um die Betrachtung verschiedener Aktivitäten auf dem Boden ergänzt.

Für die Betrachtung eines Fleet Assignments muss die Darstellung der Netzwerkumgebung angepasst werden, da Flugrouten innerhalb einer gewissen Periode berücksichtigt werden müssen. Das bedeutet, dass ein Flugzeugtyp $\tau \in \tilde{T}$ nach der definierten Zeitperiode wieder im Ursprungsflughafen oder an einem vorher definierten anderen Airport landen muss. Zur anschaulichen Erläuterung soll Abbildung 5.3 dienen. Diese zeigt die zeitliche Darstellung einer Ein-Tages-Periode einer realen Netzwerkumgebung. Es sind $|N| = 3$ Flughäfen ($n = 1, 2, 3$) sowie $|H| = 4$ Flüge ($h = 1, \ldots, 4$) und $|G| = 6$ Ground-Activities ($g = 1, \ldots, 6$) gegeben.[9]

9 Zur Erklärung der Zählweise von Aktivitäten vgl. Abschnitt 5.3.1.2.

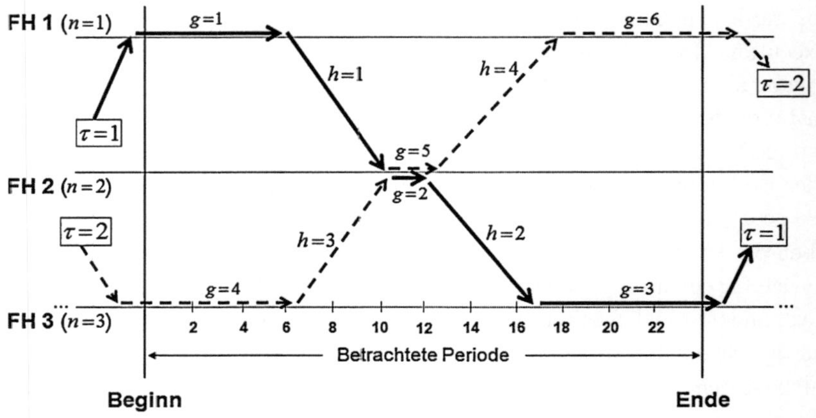

Abbildung 5.3: Fleet Assignment innerhalb einer Periode.

In Ergänzung zur Modellierung aus den Kapiteln 3 und 4 können nun spezifische und flexible Produkte in zwei Flugrichtungen, von FH1 in Richtung FH3 sowie von FH3 in Richtung FH1, angeboten werden.

Aus Sicht eines Fleet Assignments müssen zwei Routen, die durch Zyklen mit durchgezogenen bzw. gestrichelten Pfeilen gekennzeichnet sind, geflogen werden. Während die durchgezogene Route in FH1 ($n = 1$) beginnt und in FH3 ($n = 3$) endet, verläuft im Beispiel der Abbildung 5.3 die gestrichelte Route genau spiegelverkehrt. Diesen beiden Routen werden nun entsprechend der errechneten Zuordnung $l_{h\tau}$ bzw. $l_{g\tau}$ unter Einhaltung der Nebenbedingungen Flugzeugtypen $\tau = 1$ bzw. $\tau = 2$ für die durchgezogene bzw. gestrichelte Route zugewiesen. Dabei spielen sowohl Erlös- als auch Kostenüberlegungen die entscheidende Rolle.

Innerhalb dieser Betrachtungen wird davon ausgegangen, dass über das Angebot von Flügen bzw. Routen und die Durchführung notwendiger Ground-Activities in einem vorgelagerten Planungsprozess entschieden wird. Während damit Aktivitäten als fix angenommen werden, erfolgt im Modell die Bestimmung eines optimalen Fleet Assignments.

5.4.1.3 Möglichkeit eines Re-Fleetings

Während das Problem des Fleet Assignments zu Beginn einer Planungsperiode gelöst wird, ist im Zuge eines Re-Fleetings ein Wechsel dieser Zuordnung im Laufe der Buchungsperiode möglich (vgl. dazu Abschnitt 5.1.1).
Auch dieser Aspekt kann durch das class-specific Fleet-DLP-flex-over-Modell verwirklicht werden. Dazu ist nach bestimmten Zeitabständen die Neuberechnung des Modells auf Basis aktualisierter Nachfragewerte erforderlich. Die erhaltenen binären Zuordnungvariablen geben die im weiteren Verlauf optimierte Zuordnung von Flugzeugtypen wieder.

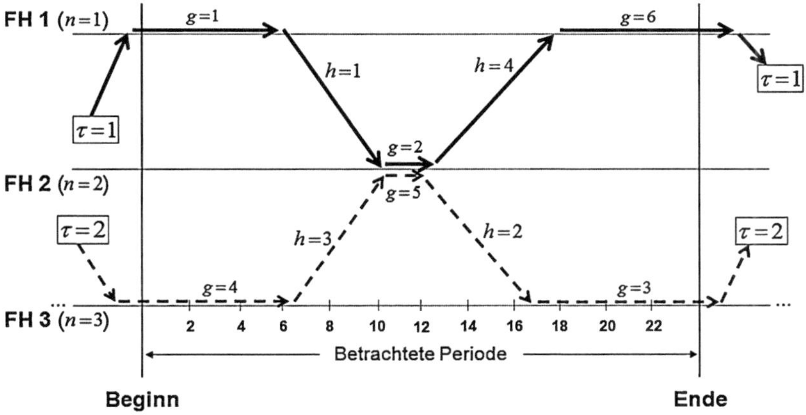

Abbildung 5.4: Fleet Assignment innerhalb einer Periode mit Re-Fleeting.

Als Erweiterung eines Fleet Assignments gemäß Abbildung 5.3 ist in Abbildung 5.4 dieselbe Netzkonfiguration nach einem durchgeführten Re-Fleeting dargestellt.
Es ist zu erkennen, dass in Airport $n = 2$ ein Wechsel der Flugzeugzuordnung stattfindet, also ein sogenanntes Re-Fleeting durchgeführt wird. Dieses Re-Fleeting wird ausgedrückt durch die veränderte Führung der durchgezogenen bzw. gestrichelten Routen. Nun startet und endet $\tau = 1$ in Flughafen $n = 1$ bzw. $\tau = 2$ in Flughafen $n = 3$. Dieser Wechsel ist auf eine kurzfristige Veränderung der Nachfrage auf den entsprechenden Flügen zurückzuführen. In Abbildung 5.4 ist dazu in Airport $n = 2$ eine entsprechende Überprüfung der Ground-Aktivitäten $g = 2$ und $g = 5$ durchzuführen. Dabei ist zu beachten, dass die Nebenbedingungen eines Fleet Assignments eingehalten werden.

Ein solcher Tausch von Flugzeugtypen ist nicht immer möglich, sondern unterliegt zeitlichen, räumlichen und personellen Restriktionen. So müssen beispielsweise bei $n = 2$ ungefähre Start- und Landezeiten passen, Durchführung von Arbeiten am Boden entsprechend gesteuert sowie der personelle Einsatz der Crew möglich sein.
In Kapitel 6 wird mit konkreten Daten die Wirkungsweise eines Fleet Assignments bzw. Re-Fleetings eingehender gezeigt.

5.4.2 Verwendung und Einsatz des Modells

Lösungs- und Einsatzmöglichkeiten vorgestellter DLP-Modelle wurden in der Arbeit bereits mehrmals angesprochen (vgl. dazu insbesondere die Abschnitte 4.4.3 sowie 5.2.2).
In diesem Zusammenhang wurde neben der direkten Verwendung einer Lösung der Modelle die Steuerung mittels Bid Prices diskutiert (vgl. Abschnitt 3.4). Deren Anwendung erweist sich im Falle eines Fleet-DLPs jedoch als problematisch. So werden Bid Prices als Approximation von Opportunitätskosten durch die Schlupfvariablen der Kapazitätsrestriktionen, die den korrespondierenden Variablen des zugehörigen dualen Programms entsprechen, bestimmt. Diese Kapazitäten sind jedoch abhängig vom zugeordneten Flugzeugtyp und können sich durch ein durchgeführtes Re-Fleeting ändern. Eine klare Wertigkeit von einzelnen Flügen im gesamten Netzwerkverbund kann damit nicht ermittelt werden. Aus diesem Grund wird die direkte Lösung des Modells vorgeschlagen.
Für eine direkte Lösung des Fleet-DLPs und der damit verbundenen Anwendung von Buchungs- und Überbuchungslimits stehen prinzipiell drei Alternativen zu Verfügung:

- Darstellung als lineares Programm und Auf- oder Abrundung entsprechender Limits (vgl. Abschnitt 4.4.3),
- Lösung als gemischt-ganzzahliges Programm mit reellen Buchungslimits und ganzzahligen Overbooking-Limits,
- Lösung als ganzzahliges Programm, indem die Ganzzahligkeit sämtlicher Entscheidungsvariablen gefordert wird.

In jedem Fall werden jedoch zumindest binäre Zuordnungsvariablen gefordert, da eine Rundung zu ungenauen Ergebnissen führen würde (vgl. dazu auch Abschnitt 5.2.2). In den folgenden Ausführungen wird das Fleet-DLP deshalb als binäres, ganzzahliges Programm berechnet (vgl. Kapitel 6).

Eine Schwierigkeit ist allerdings in der Rechenkomplexität eines ganzzahligen, linearen Programms zu sehen. Bereits in den frühen Arbeiten von Ferguson/Dantzig(1956a) [87] und Ferguson/Dantzig(1956b) [88] wurde diese Problematik thematisiert. Die Entwicklung effizienter Lösungsverfahren für derartige Optimierungsprobleme war deshalb Gegenstand vieler Forschungsarbeiten (vgl. dazu auch Abschnitt 5.2.2). Dabei wurde der Airlinebereich oft als Anwendungsfall betrachtet (vgl. Hane *et al.* (1995) [109] und Simão *et al.* (2009) [194]).

Für die Berechnung von Optimierungsproblemen existiert Software, die auch Solver für eine binäre bzw. ganzzahlige Lösung zur Verfügung stellt. Aufgrund der Komplexität einer derartigen Modellierung erweisen sich diese Computerprogramme bei größeren Problemen jedoch häufig als nicht praktikabel. Deshalb ist die Verwendung von Software, die eigens für die Lösung von mathematischen Optimierungsproblemen entwickelt wurde, sinnvoll. Zu einer ausführlicheren Beschreibung siehe dazu Kapitel 6.

Kapitel 6

Anwendungsbeispiele

Im folgenden Kapitel werden Berechnungen mit den in Kapiteln 4 und 5 entwickelten DLP-Modellen durchgeführt. Als Anwendungsbeispiele werden reale Netzwerkumgebungen aus dem Airlinebereich mit einer bzw. zwei Flugrichtungen betrachtet.
Dazu wird auch das Vorgehen bei der Implementierung mit Software beschrieben. Innerhalb der Tests werden die Charakteristika der vorgestellten Modelle durch einen Vergleich der Ergebnisse herausgestellt.

6.1 Beispiel mit einer Flugrichtung

In diesem Abschnitt werden zunächst erlösbasierte DLP-Modelle angewendet. Dazu werden die in Kapitel 4 vorgestellten Modelle benutzt und dann die Betrachtung eines Aircraft-Type Assignments bei veränderten Rahmenbedingungen integriert.

6.1.1 Betrachtetes Netzwerk

Gegeben sei ein Netz mit drei Airports FH1, FH2 und FH3. Dieses ist in Abbildung 6.1 mit Zeitangaben innerhalb eines bestimmten Flugtages dargestellt (vgl. dazu die Beschreibungen in Anhang A).
Es werden $|H| = 5$ Flüge, die von FH1 in Richtung FH3 verlaufen, durchgeführt. Dabei beschreiben in Abbildung 6.1 die durchgezogenen Pfeile Flüge und die gepunkteten Pfeile mögliche Zwischenstopps bzw. Umsteigemöglichkeiten in Airport FH2 zwischen entsprechenden Flügen (Flight Legs).

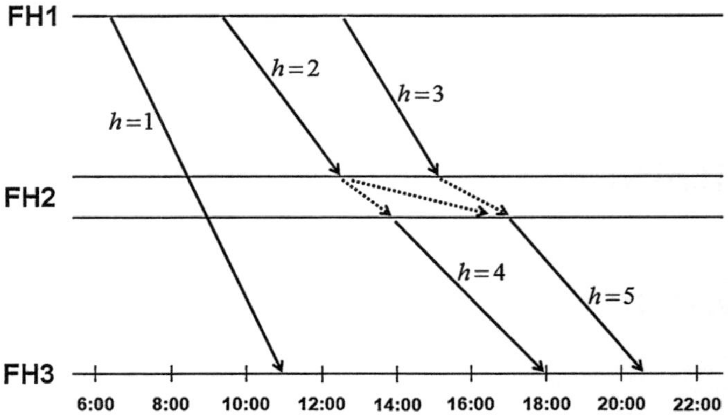

Abbildung 6.1: Netzwerk mit einer Flugrichtung an einem Tag.

Es gibt damit $|\bar{I}| = 9$ mögliche Verbindungen, bestehend aus einem Startflughafen (Origin), einem Zielflughafen (Destination) und einer entsprechenden Route (Itinerary) zwischen Start- und Zielairport.

Im Einzelnen können folgende Verbindungen angeboten werden, wobei eine Unterscheidung zwischen Flügen $h \in H$ und Verbindungen $\bar{i} \in \bar{I}$ vorgenommen wurde:

- von FH1 nach FH3: $h = 1$ (ohne Zwischenstopp bzw. Umsteigen in FH2) $(\bar{i} = 1)$,
- von FH1 nach FH2: $h = 2, 3$ $(\bar{i} = 2, 3)$,
- von FH2 nach FH3: $h = 4, 5$ $(\bar{i} = 4, 5)$,
- von FH1 über FH2 nach FH3: $(h = 2) \to (h = 4)$; $(h = 2) \to (h = 5)$; $(h = 3) \to (h = 5)$ $(\bar{i} = 6, 7, 8)$.

Um also von FH1 nach FH3 zu reisen, kann entweder der direkte Flug $h = 1$ oder eine Verbindung mit Umsteigen in FH2 $(h = 2) \to (h = 4)$, $(h = 2) \to (h = 5)$ oder $(h = 3) \to (h = 5)$ gebucht werden. Mit $|K| = 3$ Klassen (First/Business/Economy) für jeden Flug können $I = 24$ spezifische Produkte als Tupel $(\bar{i}, k)$ aus Verbindung $\bar{i}$ und Klasse k angeboten werden (vgl. dazu Abschnitt 4.4.1). Dabei wird angenommen, dass ein Klassenwechsel innerhalb von Verbindungen mit Umsteigen nicht vorgesehen ist.

Zusätzlich wird ein flexibles Produkt $j = 1$ definiert, welches aus einer Reise von FH1 nach FH3 besteht und einer der vier möglichen Verbindungen $\bar{i} = 1, 6, 7, 8$ zugeordnet werden kann. Dabei wird in den Berechnungen angenommen, dass flexible Kunden nur der Business und Economy Class zugeordnet werden, d.h. die First-Class spezifischen Buchern vorbehalten bleibt. Somit wird $\rho_1 = 0$ gesetzt (vgl. dazu die Ausführungen von Abschnitt 4.4.2).

6.1.2 Input-Daten

Zur Darstellung der Wirkungsweise der vorgestellten Modelle werden verschiedene Input-Daten verwendet. So müssen Kapazitäten der Flüge, Preise für spezifische und flexible Produkte, die erwartete Nachfrage der Angebote sowie Daten, welche die Overbooking-Erweiterung betreffen, spezifiziert werden.

Kapazitäten der Flüge

Zunächst werden die Kapazitäten der Flüge als fix angenommen. Während der direkte Flug ($h = 1$) mit einer Maschine mit 400 Plätzen geflogen wird, ist für die kurzen Flüge ($h = 2, \ldots, 5$) ein Flugzeugtyp mit einer Kapazität von 200 Sitzplätzen vorgesehen. Die Gesamtkapazität wird aufgeteilt in verschiedene Klassen, entsprechend den Beförderungsklassen First/Business/Economy, mit einem Verhältnis von 5%/10%/85% für alle benutzten Flugzeuge.

Preise für Angebote

Der direkte Flug von FH1 nach FH3 ($\bar{i} = 1$) wird, abhängig von den drei angebotenen Klassen $k = 1, 2, 3$, mit 1200, 600 bzw. 300 Geldeinheiten (GE) bepreist. Falls Kunden eine Verbindung mit Umsteigen ($\bar{i} = 6, 7, 8$) buchen, erhalten sie einen Preisnachlass von 30%. Für einen Kurzstreckenflug (von FH1 nach FH2 ($\bar{i} = 2, 3$) oder von FH2 nach FH3 ($\bar{i} = 4, 5$)) wird ein Preis von 720, 360 bzw. 180 GE verlangt, wieder abhängig von Klasse k.
Das flexible Produkt $j = 1$ kostet 200 GE, unabhängig von der Art der Zuordnung (Execution-Mode).

Nachfrage für Angebote

Zunächst wird folgende Nachfragesituation angenommen:

- $\overline{D}^s_{1kt} = 20/40/326$ für $k = 1, 2, 3$ (direkte Verbindung $\bar{i} = 1$ von FH1 nach FH3),
- $\overline{D}^s_{2kt} = 6/13/122$ und
- $\overline{D}^s_{3kt} = 5/12/92$ für $k = 1, 2, 3$ (Verbindungen $\bar{i} = 2, 3$ von FH1 nach FH2),
- $\overline{D}^s_{4kt} = 7/15/139$ und
- $\overline{D}^s_{5kt} = 5/10/109$ für $k = 1, 2, 3$ (Verbindungen $i = 4, 5$ von FH2 nach FH3),
- $\overline{D}^s_{6kt} = 3/6/52$,
- $\overline{D}^s_{7kt} = 1/2/13$ und
- $\overline{D}^s_{8kt} = 4/7/49$ für $k = 1, 2, 3$ (Verbindungen von FH1 nach FH3 mit Zwischenstopp/Umsteigen in FH2), sowie
- $\overline{D}^f_{1t} = 200$ für die flexible Nachfrage.

Overbooking-Daten

Bei den Overbooking-Daten müssen zum einen die Zahlungen bei Denied Boardings und zum anderen die Wahrscheinlichkeiten, dass ein gebuchter Flug tatsächlich angetreten wird, festgelegt werden.

Hier werden Kompensationszahlungen d_{hk} von 1500/750/400 für Flug $h = 1$ sowie von 800/400/200 für die kurzen Flüge $h = 2, \dots, 5$, abhängig von Klasse $k = 1, 2, 3$, unterstellt. Bei der Show-Rate wird zwischen spezifischen Kunden p^s_{hk} sowie flexiblen Buchern p^f_{hk} unterschieden. Es wird angenommen, dass flexible Kunden fast immer zum Abflug erscheinen und spezifische Kunden eine Show-Rate kleiner als 1 aufweisen (vgl. die Ausführungen aus Abschnitt 4.4.2). Die Show-Rate für spezifische Bucher liege, abhängig von Flug h, zwischen 0.9 und 0.99, im Einzelnen: $p^s_{hk} = 0.95/0.99/0.95/0.95/0.9$ für $h = 1, \dots, 5$, wobei hier keine Unterschiede für die berücksichtigten Klassen ausgewiesen werden. Falls unterschiedliche klassenabhängige Show-Raten bekannt sind, können sie natürlich in Betracht gezogen werden.

Ferner müssen Werte ρ_k für den Anteil an flexiblen Kunden in Klasse k bekannt sein. Es wird $\rho_k = 0/0.1/0.2$, abhängig von $k = 1, 2, 3$, angenommen.

6.1.3 Implementierung in MATLAB und CPLEX

Für die Berechnung von Lösungen für die DLP-Modelle wurden sämtliche Programmierungen mit der Computersoftware MATLAB durchgeführt.
MATLAB bietet dafür eine höhere Programmiersprache sowie eine interaktive Umgebung für numerische Berechnungen, Visualisierung und Programmierung. Mit MATLAB wurden sowohl die entwickelten DLP-Modelle erstellt als auch einige Berechnungen durchgeführt (vgl. Mathworks MATLAB (2013) [161]).
Bei der Programmierung wurden Matlab-Dateien (sog. *M-Files*) für die Definition der Variablen, Festlegung oberer und unterer Intervallgrenzen, Gleichungs- und Ungleichungsrestriktionen sowie für die Zielfunktion entwickelt. In einem Hauptprogramm wurden diese *M-Files* zusammengefügt und die DLP-Modelle mit einer entsprechenden Optimierungsfunktion gelöst.
Es standen dabei Funktionen für die Lösung von linearen Programmen mit der *Optimization Toolbox* von MATLAB zur Verfügung. So lieferte die Funktion *linprog* in wenigen Sekunden Ergebnisse für die DLP-Modelle, falls nur eine reelle Lösung gefordert wurde. Mit der Funktion *bintprog* konnte ferner eine binäre Lösung, die für den Einsatz von Flugzeugtypen verlangt wird, berechnet werden.
Jedoch erwies sich die Bestimmung einer ganzzahligen Lösung mit den in MATLAB zur Verfügung stehenden Funktionen für Probleme mit der in den Abschnitten 6.1.1 und 6.1.2 zugrundegelegten Netzwerk- und Datenumgebung als in einem Maße aufwändig, dass auf die Durchführung dieser Berechnungen verzichtet wurde.
Um eine ganzzahlige Lösung der DLP-Modelle zu erhalten, wurde deshalb die Software CPLEX verwendet (vgl. IBM ILOG CPLEX Optimization Studio (2013) [114]). CPLEX stellt effiziente Solver, die speziell für die mathematische Optimierung entwickelt wurden, zur Verfügung. Die Programmierung in MATLAB wurde dafür beibehalten und über die Angabe von Pfaden innerhalb der MATLAB-Umgebung auf CPLEX-Solver zugegriffen. So wurde die Funktion *cplexmilp* von CPLEX im Hauptprogramm aufgerufen und auf die Optimierung angewendet. Es war damit möglich, für die beschriebene Problemgröße eine ganzzahlige, binäre Lösung im Sekundenbereich zu errechnen.

6.1.4 Berechnungen mit verschiedenen Modellen

Auf den in Abschnitt 6.1.2 beschriebenen Datenkranz werden die vorgestellten verschiedenen Modelle angewendet sowie deren Ergebnisse verglichen.
Im Einzelnen werden Berechnungen mit folgenden DLP-Modellen durchgeführt:

- DLP mit Overbooking (DLP-over),
- DLP mit Overbooking und flexiblen Angeboten (DLP-flex-over),
- DLP mit Zuordnung von Flugzeugtypen (DLP with Aircraft-Type Assignment), bei dem die beiden Aspekte Overbooking und flexible Angebote berücksichtigt werden.

Dabei wird stets erklärt, in welcher Weise sich die Weiterentwicklungen auf die Ergebnisse auswirken.

6.1.4.1 DLP mit Overbooking

Zunächst wird das klassenspezifische DLP-Modell mit der Erweiterung um Overbooking auf die beschriebenen Daten angewendet.

Dazu zeigt Abbildung 6.2 die Ergebnisse der Berechnung. Im Einzelnen sind die Anzahl anzunehmender spezifischer Produkte, die Anzahl an Denied Boardings sowie Überbuchungslimits für Flüge und jeweilige Klassen dargestellt.
In der ersten Spalte von Abbildung 6.2 sind spezifische Produkte, getrennt nach jeweiligen Verbindungen und Klassen, mit und ohne Umsteigen dargestellt. Bei der Annahme der Produkte fällt auf, dass fast die gesamte spezifische Nachfrage befriedigt werden kann. Lediglich bei der Nachfrage bzgl. Flug $h = 2$ ($\overline{D}^s_{2kt}$ für den Flug von FH1 nach FH2 bzw. $\overline{D}^s_{6kt}$ und $\overline{D}^s_{7kt}$ für die Verbindungen von FH1 über FH2 nach FH3) tritt der Fall ein, dass Kunden bei einer Buchung nicht angenommen werden.[1] Beispielsweise werden 14 Kunden für $\overline{D}^s_{6,3t}$ (Verbindung $\bar{i} = 6$ $((h = 2) \rightarrow (h = 4))$ in $k = 3$) abgewiesen (x6_3 = 38 gegenüber $\overline{D}^s_{6,3t} = 52$). Dies liegt an der begrenzten Kapazität des notwendigen Anschlussfluges $h = 4$ für $\bar{i} = 6$ sowie an der Tatsache, dass Kunden, die jeweils einen einzelnen Flug (von FH1 nach FH2 oder von FH2 nach FH3) gebucht haben, gegenüber Kunden, die eine Verbindung von FH1 nach FH3 mit Umsteigen in FH2 gebucht haben, bevorzugt werden.

---

1 Diese Ablehnung zum Zeitpunkt der Buchung ist zu unterscheiden von einem Denied Boarding kurz vor Abflug.

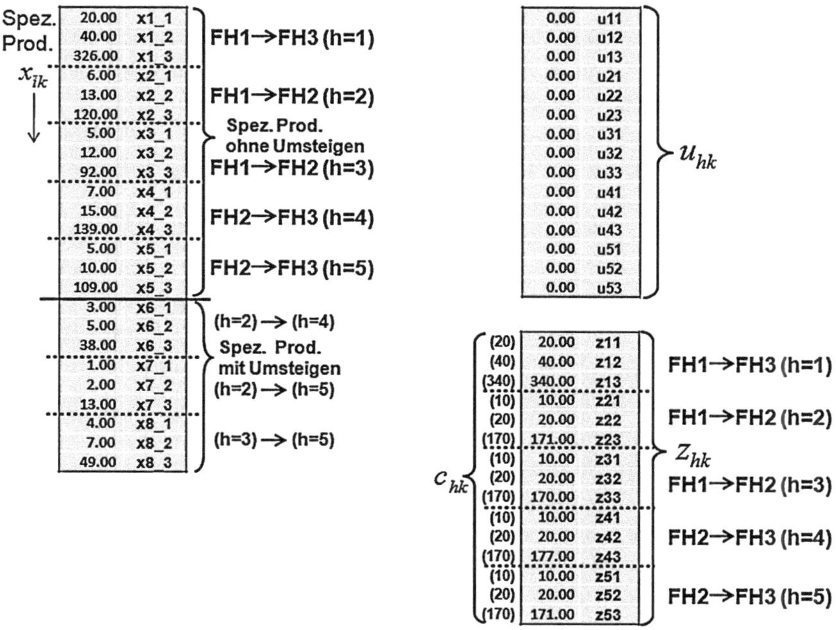

Abbildung 6.2: Ergebnisse bei Anwendung des DLP-over-Modells.

In der zweiten Spalte sind die Ergebnisse der Überbuchung (Anzahl abgewiesener Kunden und Überbuchungslimits) festgehalten.

Es ist zu sehen, dass beim ausschließlichen Angebot von spezifischen Produkten kein Kunde abgewiesen wird ($u_{hk} = 0$). Dies liegt daran, dass die Anzahl an spezifischen Kunden die physischen Kapazitäten in den Klassen meist nicht erreicht. Ferner übersteigen die zugrundegelegten Kompensationszahlungen die entsprechenden Erlöse (vgl. dazu die Berechnungen im folgenden Abschnitt 6.1.4.2).

Überbuchungslimits z_{hk} sind im unteren Teil mit den Kapazitäten einzelner Klassen c_{hk} angegeben. Dabei sind die Überbuchungslimits abhängig von den Show-Raten sowie von der Nachfrage bzgl. entsprechender Flüge h und Klassen k. Beim direkten Flug $h = 1$ von FH1 nach FH3 ist das Überbuchungslimit identisch mit der Kapazität. Auch wenn, wie in diesem Fall, die Anzahl der Buchungen die Kapazitätsgrenzen nicht erreicht (z.B. $\overline{D}^{s}_{1,3t} = 326$ gegenüber

$c_{13} = 340$), sind die Überbuchungslimits mindestens so groß wie die entsprechenden Kapazitäten (vgl. dazu die Modellbeschreibung aus Abschnitt 4.4.1). Bei den Flügen $h = 2$ und $h = 5$ erfolgt eine Überbuchung in der dritten Klasse um jeweils eine Einheit, was an den unterstellten Show-Raten von $p^s_{2k} = 0.99$ und $p^s_{5k} = 0.9$ liegt. Während allerdings Nachfrage bzgl. $h = 2$ abgewiesen werden muss (vgl. dazu die Beschreibung oben), könnte, aufgrund der relativ niedrigen Show-Rate von $p^s_{5k} = 0.9$, das Overbooking-Limit z_{53} höher gesetzt werden. Dies ist jedoch wegen der vollkommen befriedigten Nachfrage nicht nötig ($\overline{D}^s_{5,3t} + \overline{D}^s_{7,3t} + \overline{D}^s_{8,3t} = 109 + 13 + 49 = 171 = z_{53}$). Während bei $h = 3$ der gleiche Fall wie bei $h = 1$ auftritt (die Summe der entsprechenden Nachfragewerte erreicht nicht die Kapazität), werden bei Flug $h = 4$ von FH2 nach FH3 mit $p^s_{4k} = 0.95$ in $k = 3$ sieben Plätze überbucht. Damit übersteigt das Overbooking-Limit die Kapazität in dieser Klasse um 4.1%.
Mit dieser Überbuchungsstrategie ist die Anzahl angenommener Passagiere größer als verfügbare Sitzplatzkapazitäten, ohne dass irgendwelche Nachteile für den Anbieter, sei es durch Leistung von Kompensationen oder Verlust an Goodwill durch verweigerte Beförderungen, entstehen.

6.1.4.2 DLP mit Overbooking und flexiblen Angeboten

Bei den Berechnungen mit dem klassenspezifischen DLP-flex-over-Modell wird das Angebot um das flexible Produkt ausgeweitet. Unter ansonsten gleichen Bedingungen wird eine Nachfrage $\overline{D}^f_{1t} = 200$ für das flexible Angebot von FH1 nach FH3 (mit der möglichen Zuordnung zu den Verbindungen $\bar{i} = 1, 6, 7, 8$) angenommen.

In Abbildung 6.3 sind die Ergebnisse für die Anwendung des DLP-flex-over-Modells in derselben Darstellungsweise wie in Abbildung 6.2 angegeben.
In der ersten Spalte ist nach den anzunehmenden spezifischen Produkten das flexible Produkt mit entsprechenden Zuordnungen zu Verbindungen und Klassen gemäß dem definierten Execution-Mode angetragen. Dabei erfolgt eine Zuweisung fast ausschließlich zu den dritten Klassen der möglichen Verbindungen $\bar{i} = 1, 6, 7, 8$, um nicht spezifische Kunden in höherwertigeren Klassen abweisen zu müssen.

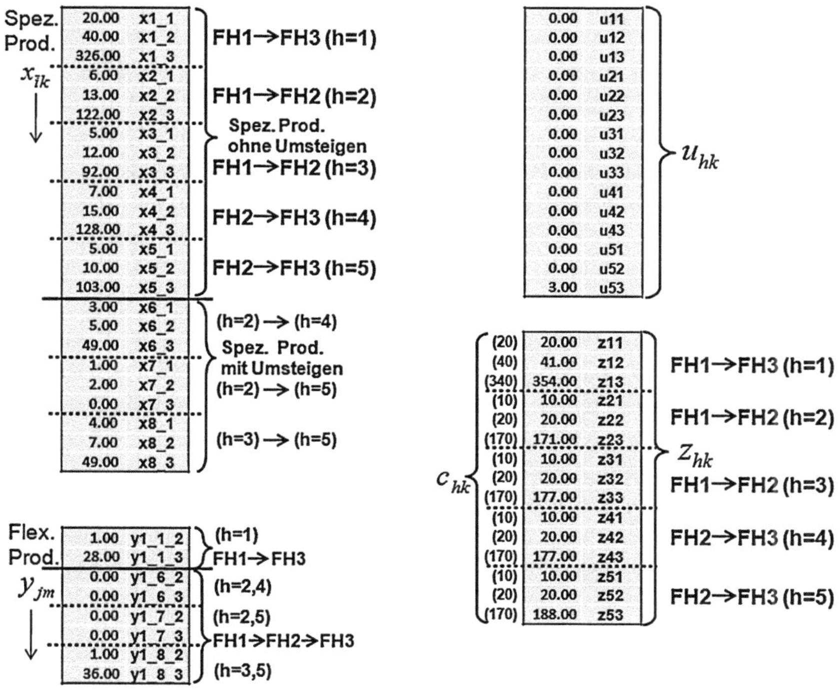

Abbildung 6.3: Ergebnisse bei Anwendung des DLP-flex-over-Modells.

Dementsprechend verändert sich die Annahmepolitik für spezifische Angebote gegenüber den Ergebnissen bei Anwendung des DLP-over-Modells (vgl. dazu Abbildung 6.2). So werden in der dritten Klasse von Flug $h = 1$ neben spezifischen Kunden (x1_3 = $\overline{D}^s_{1,3t} = 326$) noch weitere 28 flexible Bucher gesetzt, um damit bisher ungenutzte Kontingente auszuschöpfen. Eine wesentliche Veränderung ergibt sich für die Verbindungen mit Umsteigen in FH2. Während sich die akzeptierte Gesamtnachfrage bzgl. $h = 2$ und $k = 3$ nicht verändert hat (x2_3+x6_3+x7_3=122+49+0=171=z_{23}), werden nun mehr Umsteigepassagiere auf $\bar{i} = 6$ (x6_3 = 49) und weniger auf $\bar{i} = 7$ (x7_3 = 0) angenommen. Grund dafür ist, dass nun Plätze auf Flug $h = 5$ frei werden und damit sowohl Kunden für $\bar{i} = 5$ (x5_3 = 103) (direkter Flug von FH2 nach FH3) angenommen als auch der Verbindung $\bar{i} = 8$ insgesamt 37 flexible Kunden zugeordnet werden können. Dies liefert mehr Erlös als die Annahme von spezifischen Kunden für Verbindung $\bar{i} = 7$.

Eine weitere Veränderung besteht in der Überbuchungsstrategie. Durch zusätzliche flexible Kunden übersteigt nun die gesamte Nachfrage vorhandene Kapazitäten. So werden in $k = 3$ von Flug $h = 5$ drei Kunden kurz vor dem Abflug abgewiesen (Denied Boarding), um Passagiere, die eine Umsteigeverbindung gebucht haben, zunächst von FH1 nach FH2 zu bringen und danach auf einen späteren Flug von FH2 nach FH3 umzubuchen. Eine Abweisung von Kunden und die damit verbundene Zahlung von Kompensationen hat den Vorteil, Kunden, die Verbindung $\bar{i} = 5$ gebucht haben, mitzunehmen (x5_3 = 103).

Im Gegensatz zu den Berechnungen aus 6.1.4.1 sind nun in $k = 3$ sämtliche Überbuchungslimits z_{h3} echt größer als die vorhandenen physischen Kapazitäten c_{h3}. Durch die Zuweisung von flexiblen Kunden werden beispielsweise in der dritten Klasse auf Flug $h = 1$ ($z_{13} = 354$) 14 Plätze überbucht. So übersteigt die Anzahl angenommener Buchungen in Klasse $k = 3$ der Flüge $h = 1, 3, 4$ mit $p^s_{hk} = 0.95$ für $h = 1, 3, 4$ die Kapazität um jeweils 4.1%. Während in der dritten Klasse von $h = 2$ nur ein Platz überbucht wird ($p^s_{2k} = 0.99$), werden auf Flug $h = 5$ in dieser Klasse 10.6% überbucht. Dies liegt an der Annahme, dass lediglich 90% aller Bucher zum Abflug erscheinen ($p^s_{5k} = 0.9$).

6.1.4.3 DLP mit Aircraft-Type Assignment

Für die Erweiterung um ein Aircraft-Type Assignment müssen die Zusammensetzung der Flugzeugflotte sowie die Kosten für deren Einsatz spezifiziert werden.

Es wird angenommen, dass $|\tilde{T}| = 3$ Flugzeugtypen zur Verfügung stehen. Diese haben eine Gesamtkapazität von 200/300/400 Sitzplätzen für $\tau = 1, 2, 3$, d.h. es wird ein weiterer Flugzeugtyp mit 300 Sitzplätzen (zusätzlich zu den bisher mit 200 bzw. 400 Sitzplätzen eingesetzten Flugzeugen) hinzugezogen mit der bekannten Kabinenkonfiguration 5%/10%/85% entsprechend den Beschreibungen aus Abschnitt 6.1.2.

Bei den Kosten $cost_{h\tau}$ der Durchführung von Flug h mit Typ τ werden Kosten von 18.000/30.000/42.000 GE abhängig von Typ τ für jeden Flug h angenommen. Diese unterschiedlichen Werte sind mit Kosten für Treibstoff, Start und Landung sowie der Anzahl und Qualifikation benötigter Crewmitglieder zu erklären.

Nachfragesituation 1:

In Abbildung 6.4 sind die Ergebnisse für die Nachfragesituation gemäß den Beschreibungen aus Abschnitt 6.1.2 angegeben.

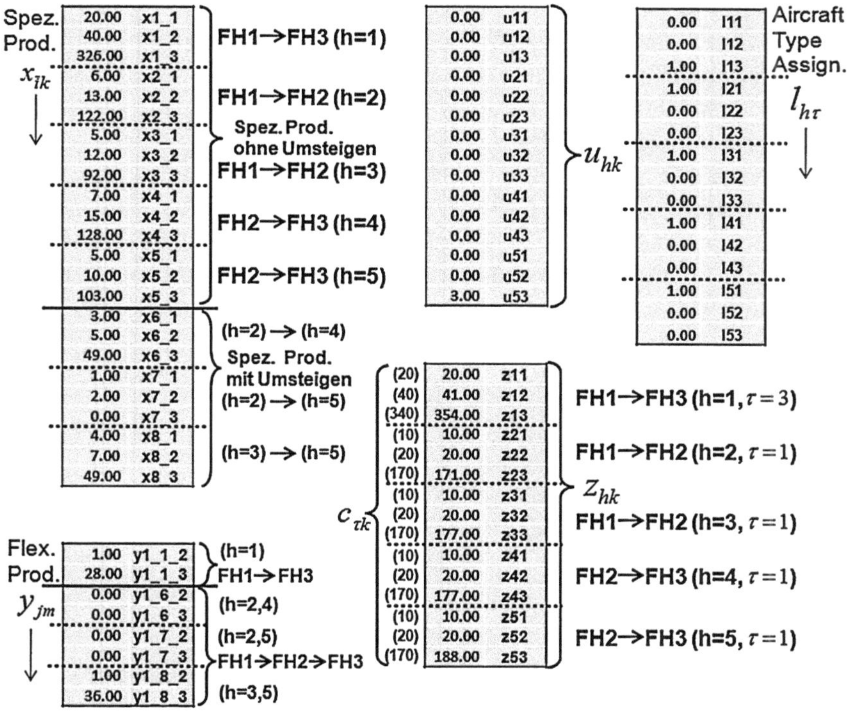

Abbildung 6.4: Ergebnisse mit Aircraft-Type Assignment – Nachfragesituation 1.

So werden in der ersten Spalte die Anzahl anzunehmender spezifischer und flexibler Produkte (im Falle flexibler Angebote die Zuordnung zu entsprechenden Verbindungen und Klassen), in der zweiten Spalte die Anzahl abzuweisender Passagiere sowie Overbooking-Limits, wie in den Abschnitten 6.1.4.1 und 6.1.4.2, dargestellt. In der dritten Spalte sind zusätzlich die eingesetzten Aircraft-Typen für die Flüge $h = 1, \ldots, 5$ angegeben.

Die Ergebnisse sind mit dieser Konstellation sowohl für die Annahme- als auch für die Überbuchungspolitik identisch zu den Resultaten bei Anwendung des DLP-flex-over-Modells (vgl. dazu die ersten beiden Spalten von Abbildung 6.4 mit Abbildung 6.3).
Dies liegt daran, dass Flug $h = 1$ mit dem Flieger mit einer Kapazität von 400 Plätzen (Typ 3) und die kurzen Flüge $h = 2, \dots, 5$ mit einer Maschine mit einer Kapazität von 200 Plätzen (Typ 1) durchgeführt werden (siehe dazu die dritte Spalte von Abbildung 6.4). Eine derartige Zuordnung wurde bereits für die Berechnung mit dem DLP-flex-over-Modell in Abschnitt 6.1.4.2 vorausgesetzt. Allerdings erfolgt in diesem Beispiel eine Verrechnung der Kosten für den Einsatz von Flugzeugtypen. Die Verwendung einer größeren Maschine (Typ 2 bzw. Typ 3) für die Flüge $h = 2, \dots, 5$ erweist sich dabei nicht als sinnvoll, da zusätzliche Kosten für einen größeren Flieger mögliche Zugewinne übersteigen würden. Stattdessen wird Typ $\tau = 1$ verwendet und dabei Kompensationen für Denied Boardings in Klasse $k = 3$ bei Flug $h = 5$ gezahlt.

Nachfragesituation 2:

Nun wird angenommen, dass sich, bei ansonsten unveränderten Vorgaben, die spezifische Nachfrage für den kurzen Flug von FH1 nach FH2 ($h = 2$) bzw. den Flug von FH2 nach FH3 ($h = 4$) verdoppelt.
Damit ergeben sich $\overline{D}^s_{2kt} = 12/26/244$ und $\overline{D}^s_{4kt} = 14/30/278$, abhängig von Klasse $k = 1, 2, 3$.

In Abbildung 6.5 sind die Ergebnisse in derselben Darstellungsweise wie in Abbildung 6.4 angegeben.

Nun ergeben sich veränderte Resultate bei der Zuordnung der Aircraft-Typen. Während Flug $h = 1$ bzw. die kurzen Flüge $h = 3, 5$ wie bisher mit den Typen $\tau = 3$ bzw. $\tau = 1$ durchgeführt werden, findet ein Wechsel bei den Flügen $h = 2, 4$ statt. So werden mit diesen neuen Daten $h = 2, 4$ mit dem mittleren Flugzeugtypen $\tau = 2$ geflogen.

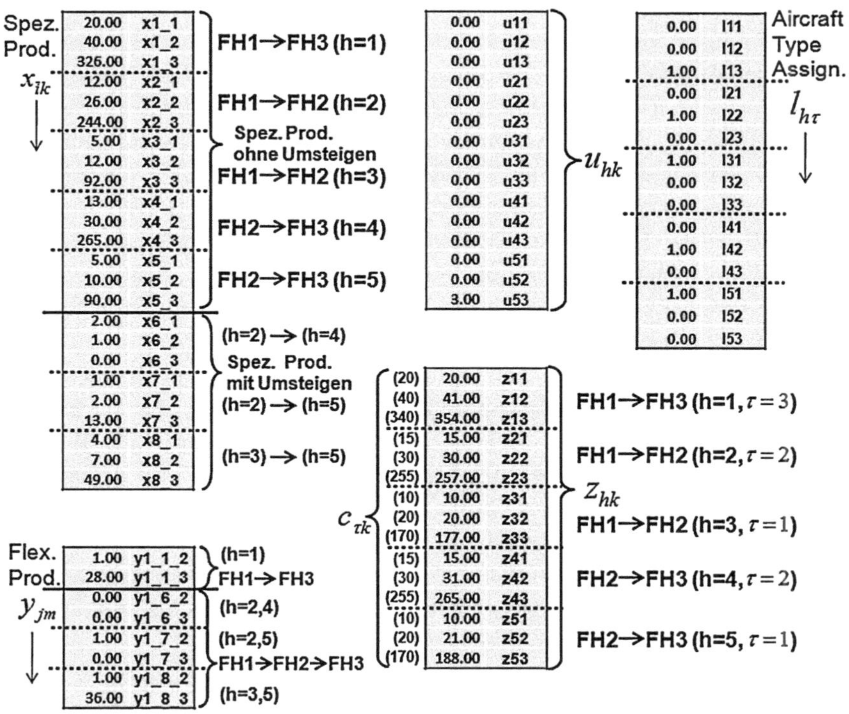

Abbildung 6.5: Ergebnisse mit Aircraft-Type Assignment – Nachfragesituation 2.

Verglichen mit den Berechnungen bei Nachfragesituation 1 ergeben sich keine Veränderungen für die Annahme- bzw. Überbuchungspolitik bzgl. Flug $h = 1$ (Durchführung mit Typ 1 in beiden Fällen). Die wesentlichen Neuerungen sind bei den Flügen $h = 2, 4$ zu erkennen (Durchführung mit Typ 2). So wird nun fast die gesamte Nachfrage $\overline{D}^s_{2kt}$ und $\overline{D}^s_{4kt}$ angenommen. Allerdings erfolgt dies auf Kosten der Nachfrage bzgl. der Umsteigeverbindung $\bar{i} = 6$. Beispielsweise werden alle Kunden für $\overline{D}^s_{6,3t}$ abgelehnt (x6_3 = 0 im Vergleich zu x6_3 = 49 bei Situation 1). Dies ist damit zu erklären, dass der Verkauf von zwei einzelnen Flügen (von FH1 nach FH2 und von FH2 nach FH3) gewinnbringender ist als der Verkauf einer Verbindung mit Umsteigen von FH1 über FH2 nach FH3 in der entsprechenden Klasse. Allerdings werden nun mehr Kunden für Verbindung $\bar{i} = 7$ bzw. Flüge $h = 2, 5$ akzeptiert, da diese nun bei $h = 2$ mit einer größeren Maschine befördert werden (Typ 2 mit einer Kapazität von 300 im Vergleich zu Typ 1 mit einer Kapazität von 200 bei Nachfragesituation 1).

Fast keine Veränderungen ergeben sich für die Anzahl der angenommenen flexiblen Produkte sowie für deren Zuordnung zu Verbindungen und Klassen. Lediglich der Verbindung $\bar{i} = 7$ wird nun ein weiterer flexibler Kunde zugewiesen ($y1\_7\_2 = 1$). Durch den Einsatz eines noch größeren Flugzeugtyps für die kurzen Flüge $h = 2, \ldots, 5$ (Typ 3 für Flüge $h = 2, 4$ bzw. Typ 2 oder 3 für Flüge $h = 3, 5$) könnte weitere flexible Nachfrage befriedigt werden. Für die angenommenen Kosten- und Erlöswerte erweist sich dies jedoch als nicht rentabel.
Wie in Situation 1 kommt es zu Denied Boardings in der dritten Klasse von $h = 3$. Es ist demnach für die anbietende Airline günstiger, Passagiere beim Abflug abzuweisen als die Kosten des Einsatzes eines größeren Fliegers (Typ 2 oder Typ 3) auf sich zu nehmen.
Die Overbooking-Limits sind in beiden Nachfragesituationen für alle dritten Klassen echt größer als entsprechende physische Kapazitäten. Das Ausmaß von Überbuchungen ist nun abhängig vom zugeordneten Aircraft-Typ. Während sich bei Flügen $h = 1, 3, 5$ fast nichts ändert (kein Tausch von Flugzeugtypen), ergeben sich Unterschiede bei Flügen $h = 2, 4$ (Durchführung mit Typ 2). So werden in der dritten Klasse von $h = 2$ nun zwei Kunden, im Vergleich zu einem Kunde bei Situation 1, überbucht. Auf Flug $h = 4$ werden in der dritten Klasse 10 Kunden, im Vergleich zu sieben Kunden bei Situation 1 sowie nun auch ein Kunde in der zweiten Klasse desselben Fluges überbucht.
Ein derartiger Wechsel von Aircraft-Typen erweist sich als sinnvoll, wenn, wie im hier beschriebenen Fall, der Mehrerlös durch die Befriedigung weiterer Nachfrage die Zusatzkosten für den Einsatz eines größeren Flugzeugtyps übersteigt.

6.2 Beispiel mit zwei Flugrichtungen

Im zweiten Abschnitt wird eine Netzwerkumgebung zugrundegelegt, bei der Flüge in zwei Richtungen durchgeführt werden. Mit der Aufteilung von Flug- und Ground-Aktivitäten wird das integrative Fleet-DLP-Modell mit Re-Fleeting, entsprechend Kapitel 5, getestet.

6.2.1 Betrachtetes Netzwerk

Dazu wird ein zeitlicher Ausschnitt eines Netzwerkes mit $|N| = 3$ Airports (FH1, FH2 und FH3) betrachtet (vgl. Abbildung 6.6). Innerhalb einer 2-Tages-Periode werden einzelne Flüge bzw. Verbindungen in zwei Richtungen, von FH1 in Richtung FH3 sowie von FH3 in Richtung FH1, angeboten.

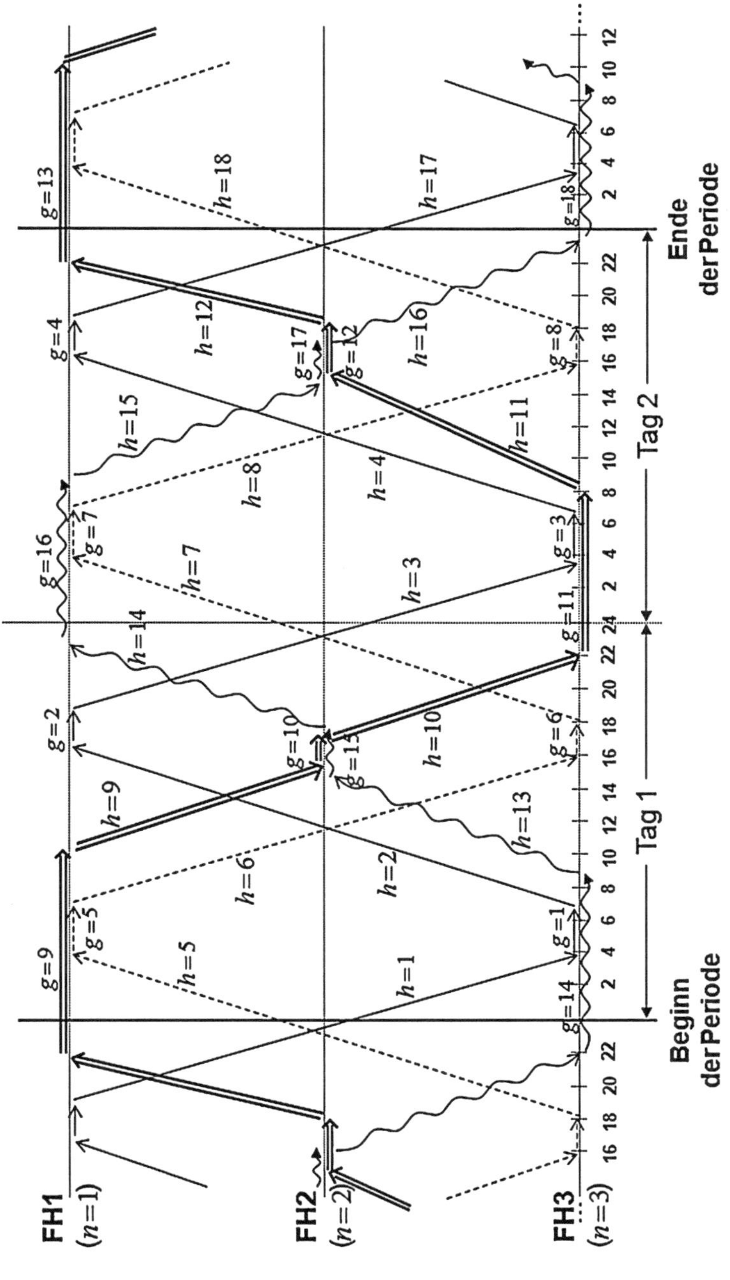

Abbildung 6.6: Netzwerk mit zwei Flugrichtungen.

In Abbildung 6.6 sind $|H| = 18$ Flugaktivitäten ($h = 1, \ldots, 18$) aufgeführt, die mit $|G| = 18$ Ground-Aktivitäten ($g = 1, \ldots, 18$) in den Airports verknüpft sind. Damit ergeben sich insgesamt $|Act| = 36$ Aktivitäten, die in der betrachteten Periode beginnen, enden oder sowohl beginnen als auch enden.[2]
Es werden vier Routen geflogen, die in Abbildung 6.6 jeweils unterschiedlich dargestellt werden, im Einzelnen mit durchgezogenen Pfeilen (Flugaktivitäten $h = 1, \ldots, 4, 17$), gestrichelten Pfeilen (Flugaktivitäten $h = 5, \ldots, 8, 18$), doppelt gezeichneten Pfeilen (Flugaktivitäten $h = 9, \ldots, 12$) und geschlängelten Pfeilen (Flugaktivitäten $h = 13, \ldots, 16$). Dabei ist zu beachten, dass bei der ersten bzw. zweiten Route Erlöse und Kosten, die aus den Flügen $h = 17$ bzw. $h = 18$ resultieren, erst in der Folgeperiode berücksichtigt werden.
Das Angebot besteht aus einer Reihe von Verbindungen (Origin-Destination Itinerary Connections), die sich aus einem Flug oder einer Kombination von Flügen mit Zwischenlandung/Umsteigen zusammensetzen, wobei die Landung in der angeflogenen Destination in der betrachteten Periode zu erfolgen hat:
Von FH1 in Richtung FH3:

- von FH1 nach FH3: $h = 1, 3, 6, 8$ (ohne Zwischenstopp bzw. Umsteigen in FH2) ($\bar{i} = 1, 3, 6, 8$),
- von FH1 nach FH2: $h = 9, 15$ ($\bar{i} = 9, 15$),
- von FH2 nach FH3: $h = 10, 16$ ($\bar{i} = 10, 16$),
- von FH1 über FH2 nach FH3: $(h = 9) \rightarrow (h = 10)$; $(h = 15) \rightarrow (h = 16)$ ($\bar{i} = 17, 18$).

Von FH3 in Richtung FH1:

- von FH3 nach FH1: $h = 2, 4, 5, 7$ (ohne Zwischenstopp bzw. Umsteigen in FH2) ($\bar{i} = 2, 4, 5, 7$),
- von FH3 nach FH2: $h = 11, 13$ ($\bar{i} = 11, 13$),
- von FH2 nach FH1: $h = 12, 14$ ($\bar{i} = 12, 14$),
- von FH3 über FH2 nach FH1: $(h = 13) \rightarrow (h = 14)$; $(h = 11) \rightarrow (h = 12)$ ($\bar{i} = 19, 20$).

Mit den erläuterten $|\bar{I}| = 20$ Verbindungen sowie $|K| = 3$ Klassen innerhalb von Flügen können $|I| = 60$ spezifische Produkte angeboten werden.[3]

2 Zur Zählweise von Aktivitäten bzgl. einer bestimmten Periode vgl. Abschnitt 5.3.1.2.

3 Gemäß den Annahmen aus Abschnitt 6.1 ist ein Klassenwechsel bei Umsteigeverbindungen nicht vorgesehen.

Zusätzlich werden $|J| = 2$ flexible Produkte ($j = 1, 2$) mit Zuordnung zu einer Verbindung $\bar{i}$ und Business oder Economy Class ($k = 2, 3$), die einen zulässigen Execution-Mode M_j charakterisieren, definiert:

- Reise von FH1 nach FH3 mit Zuordnung zu $\bar{i} = 1, 3, 6, 8, 17, 18$ (12 Execution-Modes),
- Reise von FH3 nach FH1 mit Zuordnung zu $\bar{i} = 2, 4, 5, 7, 19, 20$ (12 Execution-Modes).

Innerhalb dieser zugrundegelegten Netzwerkstruktur ist zudem das Angebot von Verbindungen, die eine Übernachtung in FH2 vorsehen, denkbar. Im Einzelnen sind solche sogenannten Stopover-Flüge von FH1 nach FH3 mit $(h = 9) \rightarrow (h = 16)$ bzw. von FH3 nach FH1 mit $(h = 13) \rightarrow (h = 12)$ möglich. Darüber hinaus könnten flexible Kunden gerade diesen Verbindungen, die für spezifische Kunden meist weniger attraktiv sind, zugeordnet werden. Da es allerdings fragwürdig ist, ob flexiblen Kunden eine Übernachtung und die damit verbundenen Kosten zuzumuten sind, wird auf eine Berücksichtigung dieser Verbindungen bei den Berechnungen verzichtet (vgl. dazu die Ausführungen im Resümee der Arbeit (Kapitel 7)).

Entsprechende Ground-Aktivitäten können für ein Flugzeug bei kurzen Aufenthalten am Boden die Betankung, Reinigung oder kleinere Wartungs- oder Instandhaltungsarbeiten beinhalten. Im Falle von Aktivitäten $g = 11, 16$, die einen Übernachtaufenthalt zwischen zwei Flugtagen vorsehen, können längere Arbeiten dargestellt werden (vgl. Abbildung 6.6).

Auch bei den Border-Aktivitäten werden Flüge und Ground-Aktivitäten unterschieden. So sind die Flüge $h = 1, 5$ und die Ground-Aktivitäten $g = 9, 14$ in die betrachtete Periode hineinreichende sowie die Flüge $h = 17, 18$ und die Ground-Aktivitäten $g = 13, 18$ aus der betrachteten Periode herausführende Border-Aktivitäten. Von diesen werden nur hineinführende Border-Aktivitäten bei der Optimierung bzgl. der betrachteten Periode berücksichtigt.

6.2.2 Input-Daten

Entsprechend den Berechnungen aus Abschnitt 6.1 werden in diesem Anwendungsbeispiel Preise für die Angebote, Nachfrage für Produkte und verschiedene Overbooking-Daten benötigt.

Desweiteren müssen die Zusammensetzung der Flotte, d.h. die Anzahl und Art von Flugzeugtypen sowie Kosten für deren Einsatz beim Flug und für die Durchführung verschiedener Ground-Aktivitäten bekannt sein.

Preise für Angebote

Wie im vorigen Beispiel werden direkte Flüge von FH1 nach FH3 ($\bar{i} = 1, 3, 6, 8$) sowie von FH3 nach FH1 ($\bar{i} = 2, 4, 5, 7$), abhängig von einer der drei angebotenen Klassen $k = 1, 2, 3$, mit 1200, 600 bzw. 300 Geldeinheiten (GE) bepreist.
Falls Kunden eine Verbindung mit Umsteigen von FH1 über FH2 nach FH3 ($\bar{i} = 17, 18$) oder von FH3 über FH2 nach FH1 ($\bar{i} = 19, 20$) buchen, erhalten sie einen Preisnachlass von 30%.
Für einen Kurzstreckenflug von FH1 nach FH2 ($\bar{i} = 9, 15$) oder von FH2 nach FH3 ($\bar{i} = 10, 16$) bzw. in die andere Richtung von FH3 nach FH2 ($\bar{i} = 11, 13$) oder von FH2 nach FH1 ($\bar{i} = 12, 14$) wird ein Preis von 720, 360 bzw. 180 GE verlangt, wieder abhängig von Klasse k.
Für flexible Produkte $j = 1, 2$ wird jeweils ein Preis von 200 GE gefordert, wieder unabhängig vom Execution-Mode.

Nachfrage für Angebote

Zunächst wird folgende Nachfragesituation 1 angenommen:

- $\overline{D}^s_{1kt} = \overline{D}^s_{2kt} = 15/40/292$, $\overline{D}^s_{5kt} = \overline{D}^s_{6kt} = 22/42/344$, $\overline{D}^s_{3kt} = \overline{D}^s_{7kt} = 20/40/302$, $\overline{D}^s_{4kt} = \overline{D}^s_{8kt} = 18/54/282$ für $k = 1, 2, 3$ (direkte Verbindungen von FH1 nach FH3 bzw. von FH3 nach FH1),

- $\overline{D}^s_{9kt} = \overline{D}^s_{13kt} = 7/22/125$, $\overline{D}^s_{10kt} = \overline{D}^s_{14kt} = 6/20/115$, $\overline{D}^s_{11kt} = \overline{D}^s_{15kt} = 8/25/141$ sowie $\overline{D}^s_{12kt} = \overline{D}^s_{16kt} = 5/17/99$ für $k = 1, 2, 3$ (Verbindungen zwischen FH1 und FH2 bzw. zwischen FH3 und FH2),

- $\overline{D}^s_{17kt} = \overline{D}^s_{18kt} = \overline{D}^s_{19kt} = \overline{D}^s_{20kt} = 8/25/128$, für $k = 1, 2, 3$ (Verbindungen von FH1 nach FH3 bzw. von FH3 nach FH1 mit Zwischenstopp/Umsteigen in FH2), sowie

- $\overline{D}^f_{1t} = 200$ und $\overline{D}^f_{2t} = 180$ für die Nachfrage nach flexiblen Angeboten $j = 1$ bzw. $j = 2$ (Reise von FH1 nach FH3 bzw. von FH3 nach FH1).

Bei Nachfragesituation 2 wird angenommen, dass sich die Nachfrage für $\overline{D}^s_{10kt}$ und $\overline{D}^s_{11kt}$ verdoppelt, bei ansonsten unveränderten Bedingungen.

Overbooking-Daten

Ebenso müssen bei den Overbooking-Daten die Zahlungen für Denied Boardings sowie Show-Wahrscheinlichkeiten in Betracht gezogen werden.

Es werden, abhängig von Klasse $k = 1, 2, 3$, Kompensationszahlungen d_{hk} von 1500/750/400 für die langen Flüge $h = 1, \ldots, 8$ sowie von 800/400/200 für die kurzen Flüge $h = 9, \ldots, 16$ angenommen.[4]

Neben der schon früher erläuterten hohen Show-Rate für flexible Bucher ($p^f_{hk} = 1$ für alle $h = 1, \ldots, 16$) wird die Show-Rate für spezifische Kunden p^s_{hk} benötigt. Abhängig von Flug h werden im Einzelnen die folgenden Werte angenommen:

- $p^s_{hk} = 0.99/0.95/0.99/0.99$ für $h = 1, \ldots, 4$ (durchgezogene Route),
- $p^s_{hk} = 0.99/0.99/0.99/0.99$ für $h = 5, \ldots, 8$ (gestrichelte Route),
- $p^s_{hk} = 0.95/0.95/0.99/0.99$ für $h = 9, \ldots, 12$ (doppelt gezeichnete Route),
- $p^s_{hk} = 0.95/0.95/0.9/0.9$ für $h = 13, \ldots, 16$ (geschlängelte Route).

Entsprechend dem Beispiel aus Abschnitt 6.1 seien Werte ρ_k für Klasse k mit $\rho_k = 0/0.1/0.2$ für $k = 1, 2, 3$ gegeben.

Kapazitäten eingesetzter Flugzeugtypen

Zur Durchführung von Flügen stehen $|\tilde{T}| = 3$ unterschiedliche Flugzeugtypen $\tau = 1, 2, 3$ mit $Kap_1 = 1$, $Kap_2 = 2$ sowie $Kap_3 = 1$ zur Verfügung. Dabei sollen die Typen $\tau = 1, 2, 3$, wie schon im früheren Beispiel, eine Gesamtkapazität von 400/300/200 Sitzplätzen haben. Die Kapazität wird aufgeteilt in verschiedene Klassen, entsprechend den Beförderungsklassen First/Business/Economy, mit einem Verhältnis von 5%/10%/85%.

Kosten für den Einsatz von Flugzeugtypen

Für die Zuordnung von Aircraft-Type τ zu Flug h bzw. Ground-Aktivität g entstehen Kosten $cost_{h\tau}$ bzw. $cost_{g\tau}$.

Für die Durchführung von Flug h seien Kosten von $cost_{h1} = 18.000$, $cost_{h2} = 30.000$ und $cost_{h3} = 42.000$ GE, abhängig von Flugzeugtyp τ, eingeplant. Kosten für Ground-Aktivität g werden für lange ankommende Flüge ($g = 1, \ldots, 8$) mit $cost_{g1} = 1.500$, $cost_{g2} = 2.000$ und $cost_{g3} = 5.000$ GE sowie für die kurzen Flüge ($g = 9, \ldots, 18$) mit $cost_{g1} = 1.000$, $cost_{g2} = 1.500$ und $cost_{g3} = 3.500$ GE angenommen.[5]

4 Zu beachten ist wiederum, dass eventuell zu leistende Kompensationszahlungen bei den Flügen $h = 17, 18$ in der nächsten Periode fällig sind.

5 Ground-Aktivitäten $g = 13, 18$ werden dabei wieder in der nächsten Periode berücksichtigt.

6.2.3 Implementierung in MATLAB und CPLEX

Die Implementierung in MATLAB und CPLEX für das Beispiel 6.2 mit zwei Flugrichtungen ist vergleichbar mit den Berechnungen aus Kapitel 6.1. In einem Hauptprogramm wird auf die CPLEX-Funktion *cplexmilp* zugegriffen und damit innerhalb weniger Sekunden Laufzeit eine ganzzahlige Lösung berechnet (vgl. dazu die genauere Beschreibung in Abschnitt 6.1.3).

In separaten Unterprogrammen werden Variablen eingeführt, untere und obere Schranken der Variablen festgelegt, Gleichungs- und Ungleichungsrestriktionen bestimmt sowie die Zielfunktion definiert. Diese einzelnen *M-Files* werden wieder im Hauptprogramm aufgerufen.

Für die Erweiterung um Fleet Assignment werden Flussbedingungen, die Einhaltung der Anzahl verfügbarer Aircraft-Types sowie Bedingungen für die Variablen über entsprechende Gleichungsrestriktionen definiert. Bei der Einhaltung der Flussbedingungen werden Hilfsvariablen für ein- und ausgehende Ground-Aktivitäten eingeführt und den entsprechenden ein- und ausgehenden Flügen zugeordnet.

Bei der Zielfunktion müssen Kosten für den Einsatz von Aircraft-Types bei Flügen und bei Ground-Aktivitäten beachtet werden. Dabei werden Erlöse und Kosten aus Flügen $h = 17, 18$ sowie Kosten für Ground-Aktivitäten $g = 13, 18$ mit 0 gesetzt und erst bei einer Optimierung in der nächsten Periode betrachtet.

6.2.4 Berechnungen mit verschiedenen Modellen

Für das Beispiel mit zwei Flugrichtungen werden Berechnung mit dem in Kapitel 5 vorgestellten klassenspezifischen Fleet-DLP-flex-over-Modell durchgeführt. Dabei wird insbesondere auf die Möglichkeiten, die sich durch ein Re-Fleeting ergeben, eingegangen.

6.2.4.1 Fleet-DLP

Mit den gegebenen Daten von Nachfragesituation 1 gemäß Abschnitt 6.2.2 sind in Abbildung 6.7 die Ergebnisse des DLP-Modells mit Fleet Assignment dargestellt.

Entsprechend der Darstellungsweise aus Abschnitt 6.1 sind in den ersten beiden Spalten von Abbildung 6.7 die Anzahl anzunehmender Produktvarianten, in der dritten Spalte die Zahl an Denied Boardings sowie in der letzten Spalte Überbuchungslimits für jeden Flug h und Klasse k angegeben. Neben den Overbooking-Limits z_{hk} ist der Aircraft-Typ τ, der dem jeweiligen Flug h zugeordnet ist, angeführt.

Abbildung 6.7: Ergebnisse bei Anwendung des Fleet-DLP-flex-over-Modells – Nachfragesituation 1.

Die angebotenen Routen (mit Flügen und entsprechenden Ground-Aktivitäten) werden damit wie folgt durchgeführt:

- Route mit durchgezogenen Pfeilen mit Aircraft-Type $\tau = 2$ (Flüge $h = 1, \ldots, 4, 17$ und Ground-Aktivitäten $g = 1, \ldots, 4$),
- Route mit gestrichelten Pfeilen mit Aircraft-Type $\tau = 3$ (Flüge $h = 5, \ldots, 8, 18$ und Ground-Aktivitäten $g = 5, \ldots, 8$),
- Route mit doppelt gezeichneten Pfeilen mit Aircraft-Type $\tau = 1$ (Flüge $h = 9, \ldots, 12$ und Ground-Aktivitäten $g = 9, \ldots, 13$) sowie
- Route mit geschlängelten Pfeilen mit Aircraft-Type $\tau = 2$ (Flüge $h = 13, \ldots, 16$ und Ground-Aktivitäten $g = 14, \ldots, 18$).

Bei dieser Zuordnung werden mögliche Erlöse aus der Annahme von spezifischen und flexiblen Kunden mit den Kosten für Flüge und Ground-Aktivitäten verglichen.

Zugeordnete Flugzeuge werden mit möglichst vielen spezifischen Buchern besetzt, da diese Produktkategorie den größten Nutzen stiftet. Innerhalb der langen Flüge ist die Anzahl angenommener Kunden für Verbindungen $\bar{i} = 5, \ldots, 8$, welche die mit $\tau = 3$ geflogene Route betreffen, größer als für Verbindungen $\bar{i} = 1, \ldots, 4$, die auf der mit $\tau = 2$ geflogenen Route angeboten werden. So kann auf der Route mit $\tau = 3$ fast die gesamte spezifische Nachfrage befriedigt werden. Lediglich auf Verbindungen $\bar{i} = 5, 6$ werden in allen drei Klassen Buchungen abgewiesen, da die Nachfrage $\overline{D}^s_{5kt} = \overline{D}^s_{6kt} = 22/42/344$ für $k = 1, 2, 3$ selbst die Kapazitäten des größten Flugzeugtyps mit 400 Sitzplätzen (20/40/340 Plätze in $k = 1, 2, 3$) übersteigt. Dementsprechend ist die Anzahl angenommener spezifischer Produkte mit Verbindungen $\bar{i} = 13, \ldots, 16, 18, 19$ (Durchführung mit $\tau = 2$) größer als die Anzahl mit Verbindungen $\bar{i} = 9, \ldots, 12, 17, 20$ (Durchführung mit $\tau = 1$). Allerdings fällt auf, dass innerhalb der Route mit $\tau = 2$ bei den kurzen Flügen $h = 13, 15$ in der dritten Klasse 10 Kunden ($\overline{D}^s_{13,3t} = 125$ gegenüber x13_3 = 115) bzw. 42 Kunden ($\overline{D}^s_{15,3t} = 141$ gegenüber x15_3 = 99) abgewiesen werden und stattdessen Kunden für die Umsteigeverbindungen $\bar{i} = 18, 19$ akzeptiert werden. Dies liegt an dem größeren erzielbaren Erlös einer Umsteigeverbindung zwischen FH1 und FH3 als dem Erlös eines kurzen Einzelfluges.

Während innerhalb der ersten Route keine flexiblen Produkte zugewiesen werden, erfolgt eine Zuteilung zu den langen Flügen $h = 7$ (y 2_7_3 = 40 bei $j = 2$) und $h = 8$ (y 1_8_3 = 60 bei $j = 1$). Grund dafür ist die Zuordnung des großen Flugzeugtyps $\tau = 3$ zur Flugroute $h = 5, ..., 8, 18$, die es ermöglicht, Plätze in $k = 3$ mit flexiblen Kunden aufzufüllen. Entsprechend dazu werden flexible

Kunden auf Verbindungen mit Umsteigen der Route mit Aircraft-Type $\tau = 2$ (y1_18_3 = 50 bei $j = 1$ bzw. y2_19_3 = 22 bei $j = 2$) zugeordnet. Auch in diesem Fall werden flexible Kunden gegenüber Kunden, die nur einen kurzen Flug ($\bar{i} = 13, 15$) buchen, bevorzugt.

Es wird versucht, die Anzahl an Denied Boardings gering zu halten. So wird lediglich beim kurzen Flug $h = 15$ in der zweiten Klasse $k = 2$ ein Passagier beim Abflug abgewiesen und auf einen anderen Flug umgebucht (vgl. dazu auch die Beschreibungen aus Abschnitt 6.1.4.2).

Die Überbuchungsstrategie ist abhängig vom zugeordneten Flugzeugtyp sowie den Show-Raten von Passagieren in den jeweiligen Klassen. Während in den ersten beiden Klassen meist auf eine Überbuchung verzichtet wird, sind die Überbuchungslimits in den dritten Klassen echt größer als entsprechende Kapazitäten, unabhängig vom zugeordneten Flugzeugtyp. Es ist erkennbar, dass bei der Route, die mit $\tau = 3$ durchgeführt wird, eine Überbuchung von lediglich 0.59% in $k = 3$ stattfindet. Dies liegt an der hohen spezifischen Show-Rate von $p^s_{hk} = 0.99$ für entsprechende Flüge $h = 5, \ldots, 8$. Bei Typ $\tau = 2$ ist eine Überbuchung in $k = 3$ zwischen 0.78% bei $h = 1, 3, 4$ und 8.6% bei $h = 15, 16$ möglich. Bei Zuordnung des Flugzeugtyps $\tau = 1$ ist eine Überbuchung von maximal 4.1% in $k = 3$ sinnvoll, ohne einen Kunden abweisen zu müssen.

6.2.4.2 Erweiterung um Re-Fleeting

In Erweiterung zu den Beschreibungen aus Abschnitt 6.2.4.1 wird das Fleet-DLP-Modell mit Nachfragesituation 2 (verdoppelte Nachfrage für Verbindungen $\bar{i} = 10, 11$, also $\overline{D}^s_{10kt} = 12/40/230$ und $\overline{D}^s_{11kt} = 16/50/282$ für $k = 1, 2, 3$, bei ansonsten unveränderten Bedingungen) berechnet.

In Abbildung 6.8 sind die Ergebnisse der Berechnung in der bekannten Darstellungsweise wiedergegeben.

Der entscheidende Unterschied zu den Resultaten aus Abschnitt 6.2.4.1 ist in der veränderten Zuordnung der Flugzeugtypen zu sehen. Während sich für Flüge $h = 1, \ldots, 8, 17, 18$ zwischen FH1 und FH3 keine Veränderungen ergeben, erweist sich in FH2 ein Wechsel der Flugzeugtypen $\tau = 1$ und $\tau = 2$ als sinnvoll. Aufgrund der veränderten Nachfragesituation fliegt Aircraft-Type $\tau = 2$ anstatt der Flüge $h = 14, 15$ nun die Flüge $h = 10, 11$ und im Gegensatz dazu wird $\tau = 1$ statt den Flügen $h = 10, 11$ nun den Flügen $h = 14, 15$ zugeordnet. Es findet also in FH2 ein Re-Fleeting statt.

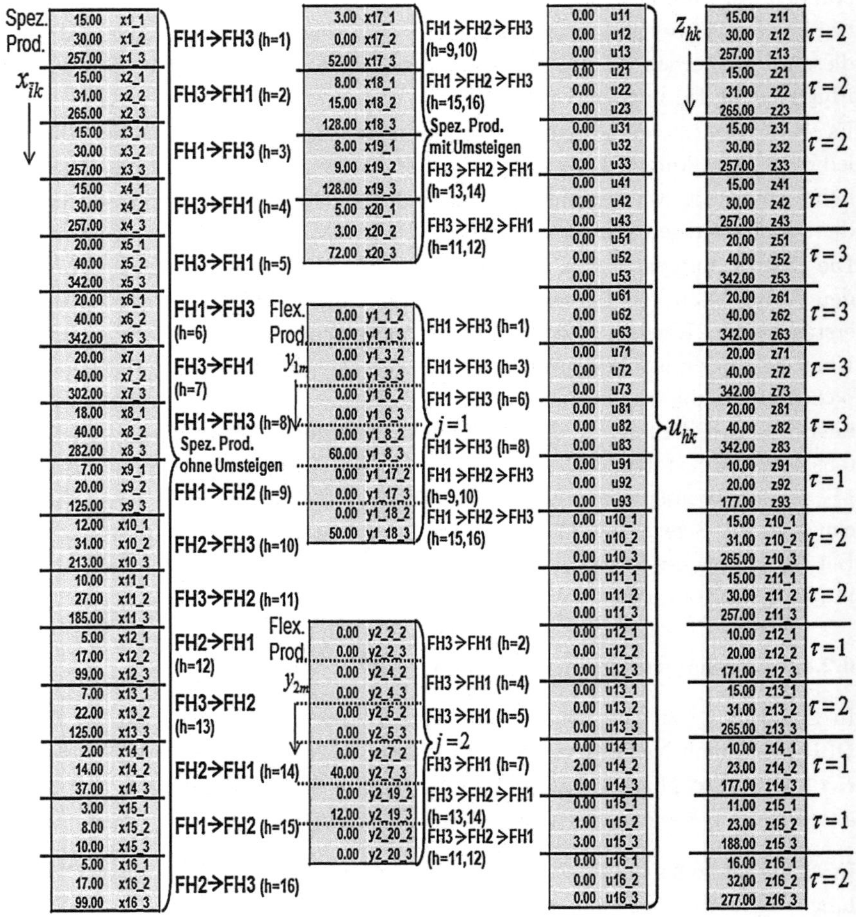

Abbildung 6.8: Ergebnisse bei Anwendung des Fleet-DLP-flex-over-Modells – Nachfragesituation 2.

Für die Anzahl anzunehmender spezifischer Produkte innerhalb der langen Flüge $h = 1, \ldots, 8, 17, 18$ zwischen FH1 und FH3 ergeben sich keine Unterschiede. Die entscheidenden Veränderungen ergeben sich für $h = 14, 15$ und $h = 10, 11$. So können nun mehr spezifische Produkte bzgl. $\bar{i} = 10, 11$ als bzgl. $\bar{i} = 14, 15$ angenommen werden. Bezüglich Verbindungen $\bar{i} = 10, 11$ wird allerdings nicht die gesamte Nachfrage für $\overline{D}^{s}_{10kt}$ und $\overline{D}^{s}_{11kt}$ akzeptiert, da ein Verkauf von Verbindungen $\bar{i} = 17, 20$ bevorzugt wird. Allerdings werden auch bei der Umsteigeverbindung $\bar{i} = 17$ weniger Kunden angenommen, da ein Platz, der sowohl für spezifische Kunden mit $\bar{i} = 9$ als auch $\bar{i} = 10$ verkauft werden kann, gewinnbringender ist.

Die Anzahl angenommener flexibler Kunden für Execution-Mode $\bar{i} = 19$ ist geringer (y 2_19_3 = 12 gegenüber y 2_19_3 = 22 bei Situation 1), da nun Flug $h = 14$ mit $\tau = 1$ durchgeführt wird und damit entsprechende höherwertigere Nachfrage für die kurzen Flüge $\bar{i} = 13, 14$ sowie für das Angebot von $\bar{i} = 19$ als spezifisches Produkt die vorhandenen Kapazitäten übersteigt.

Von Denied Boardings sind lediglich Flüge $h = 14, 15$ betroffen (Durchführung mit Typ 1). Es werden nun Kunden in der zweiten Klasse für Flug $h = 14$ ($u_{14,2} = 2$) sowie für Flug $h = 15$ ($u_{15,2} = 1$ und $u_{15,3} = 3$) abgewiesen, um die Plätze für Passagiere, die jeweils einen Einzelflug zwischen FH1 und FH2 gebucht haben, frei zu halten.

Entsprechend ergeben sich unterschiedliche Überbuchungsstrategien bei Flügen $h = 10, 11$ bzw. $h = 14, 15$. Beispielsweise ist eine Überbuchung von bis zu 10.6% in $k = 3$ von Flug $h = 15$ sinnvoll, selbst wenn dadurch die Zahlung von Kompensationen für drei Passagiere anfällt.

Während die Routen, die in Abbildung 6.6 mit durchgezogenen und gestrichelten Pfeilen gekennzeichnet sind, unverändert bleiben, erfolgt eine Umleitung der beiden anderen Routen wie folgt:

- Route mit doppelt gezeichneten Pfeilen mit Aircraft-Type $\tau = 1$ (Flüge $h = 9, 14, 15, 12$ und Ground-Aktivitäten $g = 9, 10, 16, 12, 13$),
- Route mit geschlängelten Pfeilen mit Aircraft-Type $\tau = 2$ (Flüge $h = 13, 10, 11, 16$ und Ground-Aktivitäten $g = 14, 15, 11, 17, 18$).

In den beiden Abbildungen 6.9 und 6.10 sind die Routenführungen für Nachfragesituationen 1 und 2 graphisch veranschaulicht.

Es sind dabei lediglich die beiden veränderten Routen mit $\tau = 1$ bzw. $\tau = 2$, welche mit doppelt gezeichneten bzw. geschlängelten Pfeilen dargestellt werden, angegeben. Ground-Aktivitäten in FH2 ($g = 10, 15$ an Tag 1 sowie $g = 12, 17$ an Tag 2) müssen entsprechend angepasst werden. Beispielsweise wird bei Nachfragesituation 1 Aktivität $g = 10$ dem ausgehenden Flug $h = 10$ zugeordnet (Abbildung 6.9). Hingegen erfolgt eine Zuordnung zu $h = 14$ in Nachfragesituation 2 (Abbildung 6.10). Am zweiten Tag wird $g = 12$ dem ankommenden Flug $h = 11$ (Nachfragesituation 1) bzw. Flug $h = 15$ (Nachfragesituation 2) zugewiesen. Eine entsprechend umgekehrte Zuordnung wird bei den beiden Aktivitäten $g = 15, 17$, welche die mit $\tau = 2$ geflogene Route betreffen, durchgeführt.

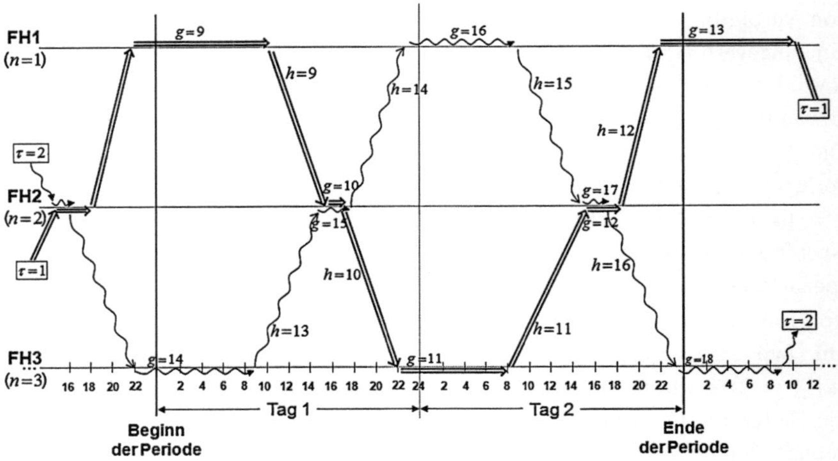

Abbildung 6.9: Routenführung bei Nachfragesituation 1.

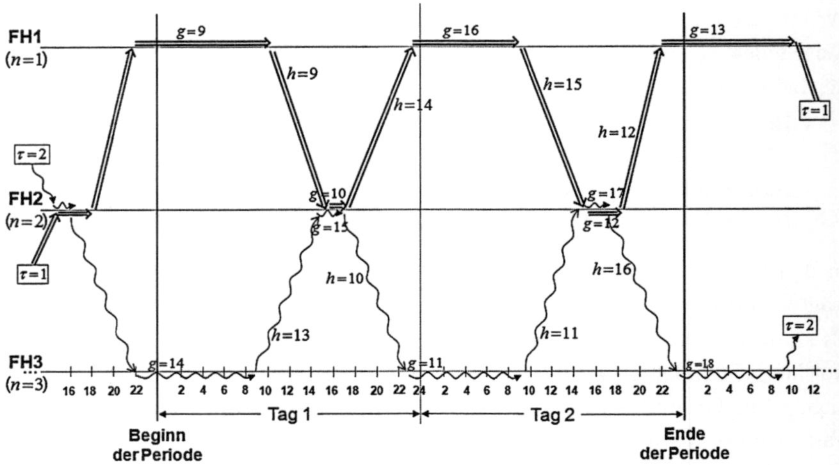

Abbildung 6.10: Routenführung bei Nachfragesituation 2.

Da bei beiden Nachfragesituationen Flugzeugtypen $\tau = 1$ bzw. $\tau = 2$ am Ende der betrachteten Periode in FH1 bzw. FH3 stehen, herrschen nach diesen erfolgten Veränderungen der Routen in der nächsten Periode wieder die gleichen Startbedingungen.

6.3 Zusammenfassung der Berechnungen

Im zurückliegenden Kapitel wurde durch Berechnungen mit den entwickelten klassenspezifischen DLP-Formulierungen die Wirkungsweise verschiedener Modellaspekte erläutert. Zusammenfassend lassen sich mit den Ergebnissen aus den Abschnitten 6.1 und 6.2 einige wichtige Erkenntnisse festhalten.

Beim Beispiel mit einer Flugrichtung aus Abschnitt 6.1 sind die folgenden Charakteristika erwähnenswert:

- Überbuchungen werden als Mittel eingesetzt, um Kapazitäten effizient zu nutzen. Passagiere werden jedoch nur auf Einzelflügen abgewiesen (Denied Boarding), wenn dieser Flug auch Teil einer Verbindung mit Umsteigen sein kann.
- Das zusätzliche Angebot von flexiblen Produkten erhöht den erzielbaren Revenue. Es wird dabei versucht, flexible Kunden zuerst weniger attraktiven Umsteigeverbindungen zuzuordnen und erst dann freie Sitzplatzkapazitäten von Direktflügen aufzufüllen.
- Zunächst ist eine Ausbalancierung vorhandener Kapazitäten durch Überbuchungsstrategien und die Verteilung flexibler Kunden sinnvoll. Ein Wechsel eingesetzter Flugzeugtypen bzw. der Einsatz weiterer Flugzeuge erweist sich erst bei signifikanter Veränderung der Nachfragesituation als vorteilhaft.

Folgende Aspekte sind im Rahmen der Berechnungen beim Beispiel mit zwei Flugrichtungen aus Abschnitt 6.2 von besonderer Wichtigkeit:

- Die simultane Optimierung von Fleet Assignment und Network Revenue Management erweist sich als besonders nützlich. Gleichartig verlaufende Routen können mit Maschinen unterschiedlicher Kapazität geflogen werden.
- Durch eine Flugzuordnung ergeben sich wichtige Implikationen für die Zuteilung von flexiblen Kunden. So erfolgt eine Zuteilung zu Routen, die mit größeren Flugzeugtypen durchgeführt werden.
- Werden bei bestimmten Flügen Restriktionen von Start- und Landezeiten erfüllt, kann ein Re-Fleeting durchgeführt werden. Dieses erweist sich gerade bei kurzfristig schwankender Nachfrage als gewinnbringend.

Kapitel 7

Resümee

Ein zentrales Ziel der vorliegenden Arbeit ist die mathematische Formulierung und Diskussion von neuen DLP-Modellen für das Netzwerk-Problem innerhalb des Revenue Managements. In Abbildung 7.1 wird dazu das Vorgehen bei der Entwicklung verschiedener Modelle über die bereits in Abbildung 4.1 gezeigte Darstellung hinaus vervollständigt und graphisch veranschaulicht.

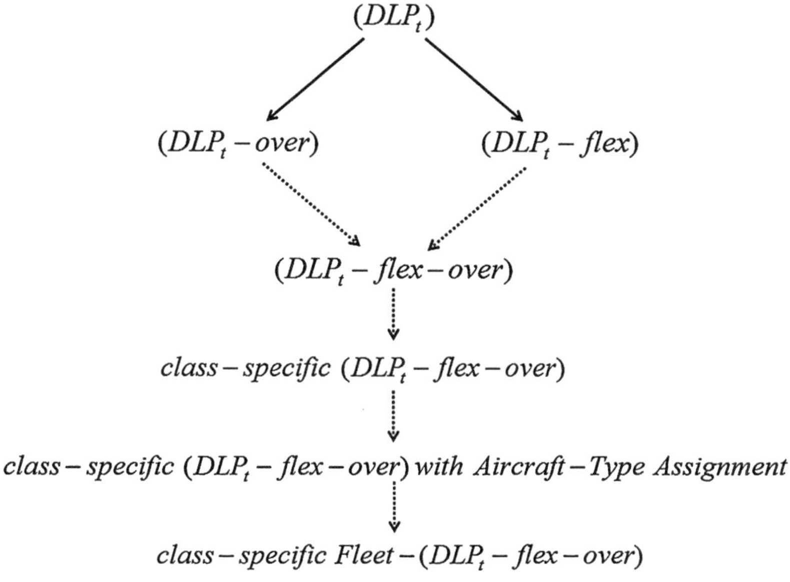

Abbildung 7.1: Entwicklung der DLP-Modelle im Überblick.

In Kapitel 2 wurden Grundlagen des Revenue Managements dargestellt und insbesondere wichtige Problembereiche, im Einzelnen die Kapazitäts- und Preissteuerung, Überbuchungsüberlegungen sowie die Vorhersage von Daten, beschrieben.

Im nachfolgenden Kapitel 3 wurde speziell die Kapazitätssteuerung im Network Revenue Management untersucht. Ausgehend von der Erläuterung der Problemstellung sowie auftretenden Netzeffekten lag der Fokus auf der Vorstellung von Näherungsverfahren. Im Rahmen der Beschreibung approximativer Verfahren wurde die Darstellung und Lösung als Netzwerkmodell der Verwendung von Dekompositionsverfahren gegenübergestellt (vgl. Talluri/van Ryzin (2004a) [208]).
In einer kritischen Auseinandersetzung mit Näherungsverfahren wurde die Steuerung mit einem deterministischen, linearen Programmm (DLP) als Methode, die meist die besten Resultate erzielt, herausgestellt (vgl. Simpson (1989) [195], Talluri/van Ryzin (1998) [206] und Kunnumkal *et al.* (2012) [138]).

Diese DLP-Formulierung wurde in Kapitel 4 aufgegriffen. Die bekannten Erweiterungen des DLP-Modells um Overbooking (DLP-over) (vgl. Bertsimas/Popescu (2003) [34] und Karaesmen/van Ryzin (2004a) [119]) sowie die Ergänzung um die Angebotsaufteilung in spezifische und flexible Produkte (DLP-flex) (vgl. Gallego *et al.* (2004) [93]) wurden zu einem Modell (DLP-flex-over), das beide Aspekte simultan optimiert, zusammengefügt (vgl. dazu die Darstellung mit gepunkteten Pfeilen in Abbildung 4.1 sowie Abbildung 7.1).
Zusätzlich erfolgte eine Aufteilung des DLP-Modells in verschiedene Klassen (class-specific DLP-flex-over), um Nachfrage verschiedener Wertigkeit gezielter zu steuern. Damit war es möglich, die Annahmepolitik für Produkte sowie Überbuchungsstrategien innerhalb eines Programms zu behandeln.

Wechselseitige Abhängigkeiten von Revenue Management und dem Einsatz der Flugzeugflotte waren Gegenstand der Ausführungen von Kapitel 5. So wurde eine weitere Verallgemeinerung vorgestellt, indem der Einsatz verschiedener Flugzeugtypen zugelassen wurde. In einem ersten Schritt wurde zunächst die unrestringierte Zuteilung verschiedener Flugzeugtypen zu Flügen modelliert (DLP-flex-over with Aircraft-Type Assignment).
In einem nächsten Schritt wurde ein vollständiges Fleet Assignment integriert. Dazu mussten Nebenbedingungen der Modellierung des Fleet Assignments von

Gopalan/Talluri (1998a) [104] geeignet angepasst und in das DLP-Modell integriert werden (class-specific Fleet-DLP-flex-over). Damit konnte die erlösbasierte DLP-Formulierung des Revenue Managements um ein weiteres Problem der Airlineplanung ergänzt werden (vgl. Abbildung 7.1).

Berechnungen in Kapitel 6 stellten die Steuerungsaspekte der entwickelten DLP-Modelle heraus. Es konnte gezeigt werden, dass Überbuchungen meist auf Flügen, die auch einen Teil von Verbindungen mit Zwischenstopp/Umsteigen darstellen, sinnvoll sind. Zudem wurden flexible Kunden auf eben solche zusammengesetzte Verbindungen sowie niederwertige Klassen verteilt. Weitere Implikationen ergaben sich bei der Integration von Fleet Assignment. So hatte ein durchgeführtes Re-Fleeting die Umbuchung von flexiblen Kunden zur Folge.

Innerhalb der zugrundegelegten Netzwerkstrukturen sind eine Reihe weiterer Verallgemeinerungen integrierbar. So wurde bereits in den Darstellungen von Abschnitt 6.2.1 die Erweiterung des Angebots um Flüge, die einen Zwischenaufenthalt von mindestens 24 Stunden vorsehen, diskutiert. Diese sogenannten Stopover-Flüge sind gerade bei Freizeitreisenden beliebt, um sich an einem Tag die Stadt des Zwischenstopps anzuschauen und danach ein weiteres Reiseziel anzufliegen.
Desweiteren kann, neben der Veränderung der spezifischen Nachfrage, eine kurzfristig steigende oder fallende flexible Nachfrage angenommen werden und dabei die Reaktion der DLP-Modelle untersucht werden.

Zusammenfassend ist die Möglichkeit der simultanen Ausbalancierung vorhandener Kapazitäten mit verschiedenen Steuerungselementen hervorzuheben. Dazu eignen sich die entwickelten DLP-Modelle gerade bei sich schnell ändernden Nachfragesituationen besonders gut und liefern schnell umsetzbare und effiziente Ergebnisse.

Anhang A

Netzwerkdarstellungen im Revenue Management

In Anhang A werden wichtige, in Gebieten des Revenue Managements betrachtete Netzwerke vorgestellt. Zunächst widmet sich A.1 verschiedenen Anwendungen im Airlinebereich und legt dabei den Fokus auf die Erklärung unterschiedlicher Darstellungsweisen von Netzen. Ausgehend von linearen Strukturen erfolgt eine Beschreibung komplexer Netzwerke, die das Anbieten von Reisen mit Zwischenaufenthalt und/oder Umsteigen vorsehen. In A.2 werden weitere Anwendungsbereiche erläutert sowie Unterschiede zu Airlineanwendungen herausgearbeitet.

A.1 Netzwerke im Airlinebereich

Das erste Airline-Netzwerk, dargestellt in Abbildung A.1, besteht aus mehreren Flügen in Reihe (vgl. El-Haber/El-Taha (2004) [76]).

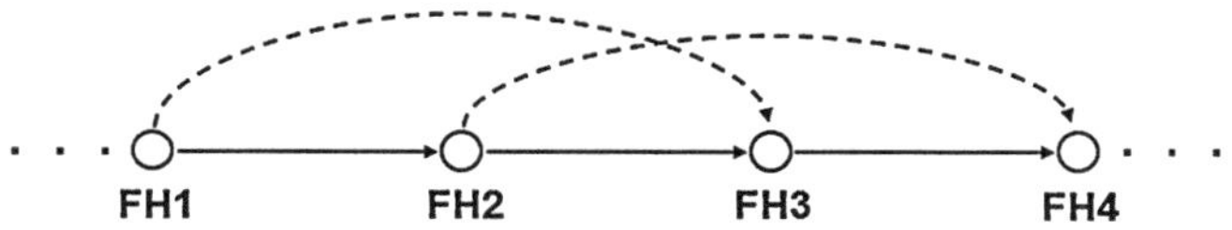

Abbildung A.1: Lineares Netzwerk im Airlinebereich.

Es ist damit möglich, einen einzelnen Flug, eine sogenannte Single Leg-Verbindung, oder Angebote mit einem bzw. mehreren Zwischenstopps, die im Airlinebereich als 2-Leg- bzw. Multi Leg-Verbindungen bezeichnet werden, zu buchen. Optional ist ferner eine Erweiterung um einzelne Direktverbindungen vorstellbar (ausgedrückt durch gestrichelte Pfeile). In diesem Fall ist es beispielsweise möglich, direkt von FH1 nach FH3 zu fliegen oder eine 2-Leg-Verbindung von FH1 nach FH3 mit Zwischenlandung in FH2 zu buchen (vgl. dazu auch Abbildung 3.2 in Kapitel 3).

Als zweites Beispiel wird eine von Zhang/Cooper (2005) [231] betrachtete Struktur mit mehreren parallelen Flügen, die Kunden von einem Startflughafen (Origin) zu einem Zielflughafen (Destination) bringen, beschrieben. Zielsetzung dieser Anwendung ist die gewinnoptimale Verteilung von Kunden auf verschiedene Verbindungen, basierend auf Kapazitätsüberlegungen.
Exemplarisch ist in den beiden Abbildungen A.2 und A.3 ein Netz mit vier parallelen Flügen (1) bis (4) zwischen einem Origin FH1 und einer Destination FH2, ohne Umsteigemöglichkeit, veranschaulicht.

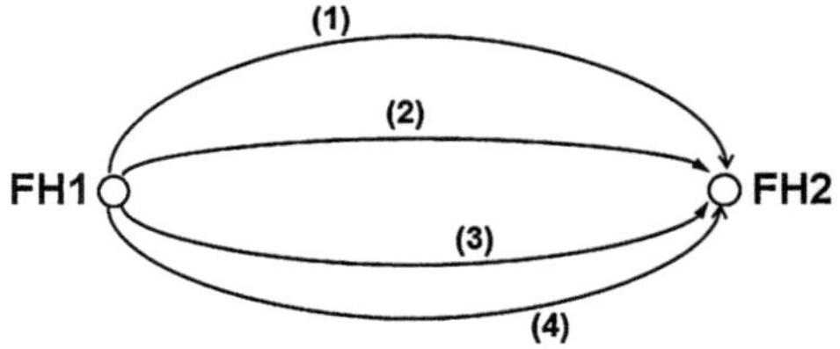

Abbildung A.2: Airline-Netzwerk mit parallelen Flügen (physische Darstellung).

Während in Abbildung A.2 eine physische Darstellung gegeben wird, zeigt Abbildung A.3 dieselbe Anordnung mit der Angabe von Zeitpunkten. Bei der zweiten Variante wird deutlich, dass angebotene Flüge über unterschiedliche Start- und Landezeiten differenziert werden.

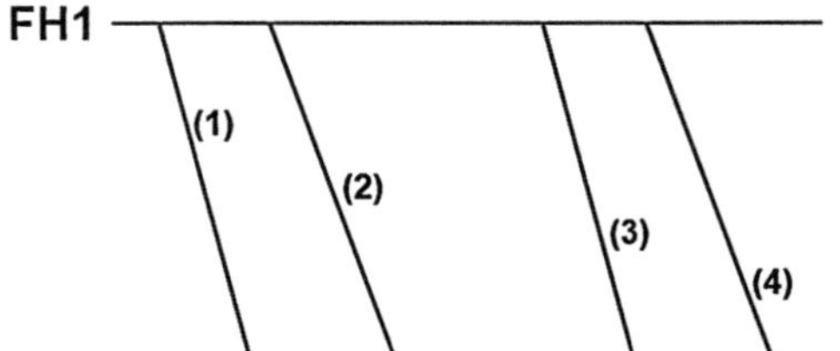

Abbildung A.3: Airline-Netzwerk mit parallelen Flügen (Darstellung mit Zeitangaben).

Abbildungen A.4 bzw. A.5 geben eine physische bzw. zeitbasierte Darstellung eines Netzwerktyps, bei dem ein Umsteigen an einem Airport möglich ist.

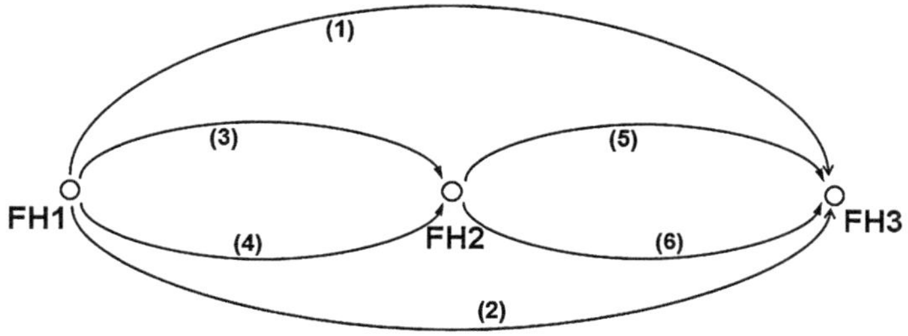

Abbildung A.4: Airline-Netzwerk mit Umsteigemöglichkeit in einem Airport (physische Darstellung).

Als Verbindungen sind zunächst die Einzelflüge (1) und (2) von FH1 nach FH3, Flüge (3) und (4) von FH1 nach FH2, sowie Flüge (5) und (6) von FH2 nach FH3 möglich. Weiter sind Verbindungen mit Umsteigen in FH2, ausgedrückt in A.5 durch gestrichelte Pfeile, buchbar. Um beispielsweise von FH1 nach FH3 zu kommen, können mit (1) oder (2) direkte Verbindungen sowie mit (3)→(5), (3)→(6) oder (4)→(6) Verbindung mit Umsteigen in FH2 genommen werden. Insgesamt werden hiermit neun Verbindungen angeboten.

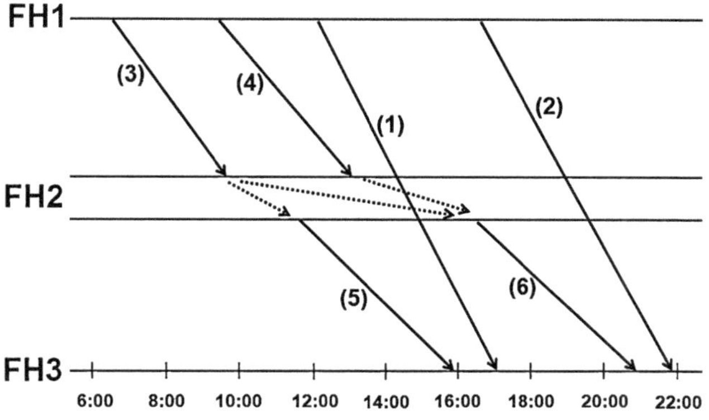

Abbildung A.5: Airline-Netzwerk mit Umsteigemöglichkeit in einem Airport (Darstellung mit Zeitangaben).

Mit diesem Beispiel wird der Vorteil einer zeitbasierten Netzwerk-Darstellung gemäß Abbildung A.5 deutlich. So können zeitlich bedingte Umsteigerestriktionen, die einen Wechsel von (4) auf (5) in Airport FH2 ausschließen, weil Zeitrestriktionen nicht erfüllt werden können, mit A.4 nicht repräsentiert werden.

Eine Netzwerkstrukur, bestehend aus vier Airports FH1, FH2, FH3 und FH4, zehn Einzelflügen sowie Umsteigemöglichkeiten in den Airports FH2 und FH3, ist in Abbildung A.6 graphisch veranschaulicht (vgl. Petrick *et al.* (2012) [175]). Mit zehn durchzuführenden Flügen ist das Angebot von insgesamt 19 Verbindungen möglich. Um beispielsweise von FH1 nach FH4 zu reisen, sind acht Verbindungen denkbar: die beiden Direktverbindungen (1) und (10), Verbindungen mit einmal Umsteigen ((2)→(8), (2)→(9), (4)→(7) und (5)→(7)) oder Verbindungen mit zweimal Umsteigen ((3)→(6)→(9) und (4)→(6)→(9)).

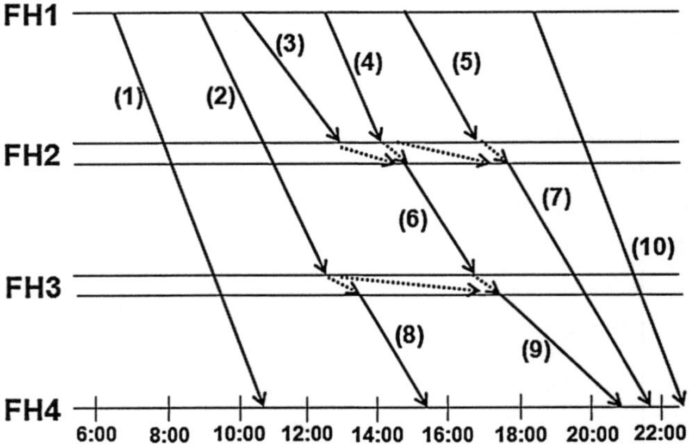

Abbildung A.6: Airline-Netzwerk mit Umsteigemöglichkeit in zwei Airports (Darstellung mit Zeitangaben).

Als Erweiterung zu Abbildung 3.5 in Kapitel 3 zeigt A.7 eine Struktur, bei der mehrere Hub-and-Spoke-Netze zu einem Netz mit mehreren Hubs zusammengefügt werden. Damit sind, neben den Flügen zwischen Spoke-Cities und Hubs, Verbindungen zwischen den drei Hubs durchführbar.

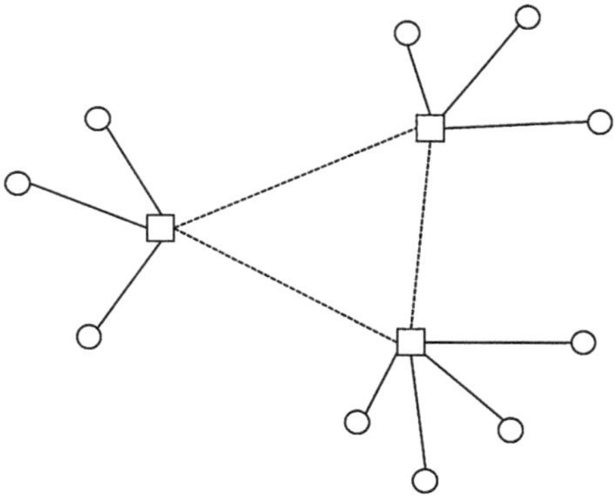

Abbildung A.7: Hub-and-Spoke-Netz mit mehreren Hubs.

Derartige Multi-Hub-Netze spielen im Airlinebereich bei der Betrachtung von strategischen Allianzen eine wichtige Rolle (vgl. Boyd (1998) [38] und Wright *et al.* (2010) [228]).

A.2 Netzwerke in weiteren Anwendungsbereichen

Im Folgenden sind Netzwerke aus weiteren bekannten Anwendungsgebieten, nämlich der Hotel- und Autovermietungsbranche, dargestellt (vgl. dazu die Ausführungen aus den Abschnitten 2.2.3.2 und 2.2.3.3). Grundlage für beide Fälle bilden lineare Netzstrukturen, für die es allerdings keine Analogien zu Direktverbindungen (ohne Umsteigen) im Airlinebereich gibt (vgl. Abbildung A.1).

In der Hotelbranche stellen diverse Übernachtungen zu betrachtende Ressourcen dar und entsprechen damit einzelnen Flügen im Airlinebereich (siehe Abbildung A.8). Damit können verschiedene Netz-Produkte über die Anzahl der Nächte und Zimmerkategorien definiert werden. Beispielsweise kann eine Übernachtung in einem bestimmten Zimmertyp nur eine einzelne Übernachtung oder aber einen Teil einer Buchung über mehrere Tage hinweg, in Abbildung A.8 mit gestrichelten Pfeilen gekennzeichnet, darstellen (vgl. Talluri/van Ryzin (2004a) [208], S. 82).

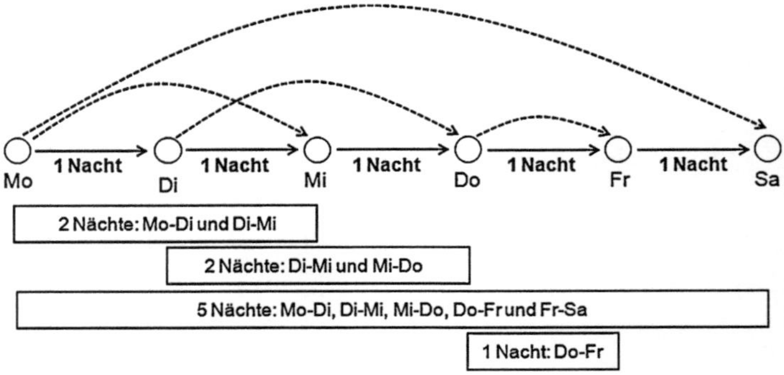

Abbildung A.8: Lineares Netzwerk im Hotelbereich.

Zu beachten ist bei dieser Anwendung, dass Netz-Produkte stets aus einer Kombination aus zeitlich aneinanderfolgenden Übernachtungen bestehen. Beispielsweise beinhaltet eine Buchung von zwei Nächten von Montag auf Mittwoch zwei einzelne Übernachtungen (von Montag auf Dienstag und von Dienstag auf Mittwoch) und entspricht damit einer 2-Leg-Verbindung im Airlinebereich.

Im Bereich von Autovermietungen (engl. Car Rental) stellt die Bereitstellung eines bestimmten Fahrzeugtyps an einem Tag die zugrundegelegte Ressource dar (vgl. Abbildung A.9).

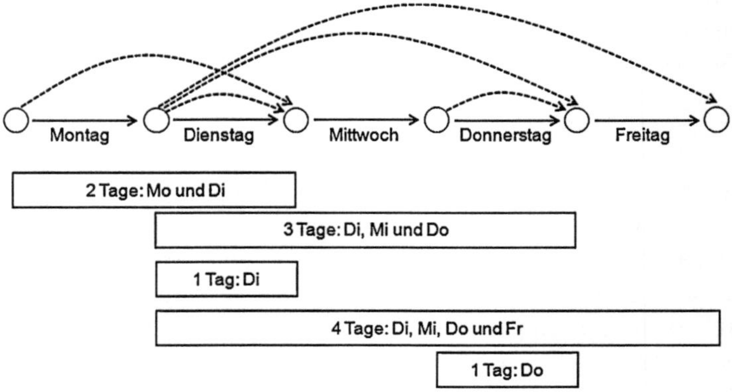

Abbildung A.9: Lineares Netzwerk im Rental Car-Bereich.

Damit kann, ähnlich zum Hotelbereich, das Ausleihen eines Autos an einem Tag ein einzelnes Angebot sein oder einen Teil eines Ausleihgeschäfts für mehrere aufeinanderfolgende Tage darstellen (vgl. Carroll/Grimes (1995) [49] und Savin *et al.* (2005) [186]).

Ähnliche Netzkonfigurationen sind zudem bei Anwendungen in der Touristikbranche (vgl. Harewood (2008) [110]) sowie beim US-amerikanischen Schienenverkehr gegeben (vgl. Sibdari *et al.* (2008) [192]).

Anhang B

Ergänzungen zum Fleet Assignment

In Anhang B werden Ergänzungen für die Formulierung eines Fleet Assignment-Modells angesprochen.
Die Literatur konzentriert sich, neben dem Ansatz, Flugzuordnung mit weiteren Problembereichen innerhalb der Airlineplanung simultan zu optimieren (vgl. Abschnitt 5.1.2.2), auf die Berücksichtigung von inhaltlichen Erweiterungen.
So gehen Rexing *et al.* (2000) [179] bei ihrer Modellierung eines Fleet Assignments nicht von einem zeitlich fest terminierten Flugplan aus, sondern nehmen zunächst nur Intervalle für Abflugzeiten an. In einem zweiten Schritt werden einige Tage vor Abflug exakte Zeiten optimiert, um bessere Umsteigemöglichkeiten in Airports zu gewährleisten sowie Kosten durch einen effizienteren Flotteneinsatz zu minimieren.
Rosenberger *et al.* (2004) [182] betrachten ein Szenario, bei dem auch Flugausfälle aufgrund von Streiks, technischem Defekt oder ungünstiger Witterung angenommen werden. Die Betrachtung dieses Gesichtspunktes ist von besonderer Wichtigkeit, da durch die Streichung eines Fluges Passagiere nicht nur an einem Airport festsitzen, sondern eventuell auch Anschlussflüge verpassen. Dies wäre jedoch für die anbietende Airline mit der Leistung von zusätzlichen Kompensationen verbunden.
Ein zweistufiges Vorgehen bei der Lösung des Fleet Assignment-Problems wird von Sherali/Zhu (2008) [191] vorgeschlagen. Erst nach einer Zuweisung einer Flugzeugfamilie werden in einem zweiten Schritt einzelne Typen innerhalb der

Familie den Flügen zugeordnet.[1] Absicht ist die kurzfristige Kapazitätsanpassung durch den Einsatz von Typen unterschiedlicher Kapazität und die gleichzeitige Beibehaltung der Crew-Besatzung, die meist zwischen Typen der gleichen Flugzeugfamilie variabel einsetzbar ist.

Weiter werden einige inhaltliche Erweiterungen vorgestellt, die neben den in Abschnitt 5.3.1 beschriebenen Basisbedingungen Flight Coverage, Flow Balance und Aircraft Count Constraints zusätzliche Restriktionen beim Fleet Assignment berücksichtigen (vgl. Abara (1989) [1], Gopalan/Talluri (1998a) [104] und Barnhart *et al.* (2003) [10]).
Im Einzelnen können folgende Gesichtspunkte integriert werden:

- Die Anzahl von an einem bestimmten Flughafen stehenden Flugzeugen kann limitiert sein. Gründe dafür sind in einem zu geringen Stellplatzangebot sowie in zu hohen Kosten für eine Unterbringung (eventuell über Nacht) zu sehen.
- Denkbar ist ferner die Berücksichtigung von Slots, also Zeitfenstern, während deren Fluggesellschaften einen Airport zum Starten und Landen benutzen dürfen. Diese beeinflussen Zwischenlandungen oder Umsteigemöglichkeiten.
- Häufig ist die Zuordnungen von ankommenden und abfliegenden Maschinen festgelegt. Dies ist notwendig, wenn Kunden eine Beförderung beispielsweise durch eine Verbindung ohne Umsteigen zugesichert wurde. Diese Restriktion schließt damit auch die Durchführung eines Re-Fleetings aus.
- Bei unerwarteten Ereignissen kann der Einsatzes weiterer, zunächst nicht eingeplanter Maschinen sinnvoll sein. Kosten für diesen Einsatz müssen dabei mit dem zusätzlich generierten Revenue verrechnet werden.
- Das bereits bestehende Angebot kann um zusätzliche Flüge bei Nachfrageschwankungen erweitert werden. Desweiteren ist die Umleitung von Verbindungen denkbar.

Darüber hinaus ist in den letzten Jahren mit einem On-Demand-Service ein neues Konzept der Flugbeförderung entstanden (vgl. Espinoza *et al.* (2008a)

1 Beispielsweise besteht die Boeing-737-Familie aus den Typen 737-100, 737-200, usw..

[82], Espinoza *et al.* (2008b) [83] und Keysan *et al.* (2010) [122]). Bei diesem sogenannten Dial-a-Flight-Angebot wird vom Kunden einige Tage vor dem gewünschten Flug ein Flieger angefordert. Diese Beförderung wird meist in einem Minijet, im Englischen auch als VLJ (Very Light Jet) bezeichnet, mit einer Sitzplatzkapazität von bis zu fünf Personen durchgeführt. Vorteile für den Kunden bilden die größere zeitliche und örtliche Flexibilität sowie die Vermeidung von Wartezeiten an großen Flughäfen.

Bei dieser Form des Angebots werden neue Anforderungen an ein Fleet Assignment gestellt. So ist neben der Sitzplatzkapazität das zulässige Gesamtgewicht vorhandener Jets ein wichtiges Charakteristikum der Flotte. Neben einem, verglichen mit den bisherigen Ausführungen, sehr heterogenen Flugangebot ist zudem zu beachten, dass jeder Flieger eine Homebase, die am Ende eines jeden Flugtages erreicht werden muss, gegeben hat.

Anhang C

Symbolverzeichnis

C.1 Bezeichnungen für verwendete Größen

a_{hi}	Koeffizient, der angibt, welche (spezifischen) Produkte i Ressource/Flug h nutzen
$\bar{a}_{h\bar{i}}$	Koeffizient, der angibt, welche Verbindungen $\bar{i}$ Ressource/Flug h nutzen
a_{hm}	Koeffizient, der angibt, welche Execution-Modes m Ressource/Flug h nutzen
$A = [a_{hi}]$ / $[a_{hm}]$	Matrix der Koeffizienten für die Nutzung der Ressource/Flug h von Produkt i bzw. Execution-Mode m
$\bar{A} = [\bar{a}_{h\bar{i}}]$	Matrix der Koeffizienten für die Nutzung der Ressource/Flug h von Verbindung $\bar{i}$
$\mathbf{a}_i$	Vektor, der die i-te Spalte von A angibt
$\mathbf{a}^h$	Vektor, der die h-te Zeile von A angibt
A_i	Menge der Ressourcen/Flüge, die Produkt i verwenden
A^h	Menge der Produkte, die Ressource/Flug h verwenden
Act	Menge von Aktivitäten (Flüge bzw. Ground-Aktivitäten)
$b_{\bar{i}k}$	Koeffizient, der angibt, welche Verbindungen $\bar{i}$ Klasse k nutzen
b_{mk}	Koeffizient, der angibt, welche Execution-Modes m Klasse k nutzen
$B = [b_{\bar{i}k}]$ / $[b_{mk}]$	Matrix der Koeffizienten für die Nutzung der Klasse k von Verbindung $\bar{i}$ bzw. Execution-Mode m
BL_i	Buchungslimit für Produkt i
$Bord$	Menge von Border-Aktivitäten

c	Kapazität bei Betrachtung einer Ressource/eines Fluges
c_h	Kapazität von Ressource/Flug h
c_h^{Rest}	Restkapazität von Ressource/Flug h
$\mathbf{c}$	Vektor $\left(c_1, \ldots, c_{\lvert H\rvert}\right)^t$ der Kapazitäten von Flügen $h \in H$
$\mathbf{c}^{Rest}$	Vektor $\left(c_1^{Rest}, \ldots, c_{\lvert H\rvert}^{Rest}\right)^t$ der Restkapazitäten von Flügen $h \in H$
c_{hk}	Kapazität von Klasse k innerhalb Flug h
$c_{\tau k}$	Kapazität von Klasse k in Flugzeugtyp τ
$cost_{h\tau}$	Kosten für die Durchführung von Flug h mit Flugzeugtyp τ
D_i	(stochastische) Nachfrage für Produkt i
$\overline{D}_i$	Erwartungswert der Nachfrage für Produkt i
D_{it}	Nachfrage für Produkt i bzgl. Zeitperiode t
$\overline{D}_{it}$	Erwartungswert der Nachfrage für Produkt i bzgl. Periode t
d_h	Kosten für einen abgewiesenen Kunden auf Flug h
$\overline{D}_{jt}^f$	Erwartungwert der Nachfrage für flexibles Produkt j bzgl. Zeitperiode t
$\overline{D}_{\bar{i}kt}^s$	Erwartungswert der Nachfrage für Verbindung $\bar{i}$ und Klasse k bzgl. Zeitperiode t
d_{hk}	Kosten für einen abgewiesenen Kunden auf Flug h und Klasse k
$EMSR_i(x)$	Expected Marginal Seat Revenue von Produkt i bei x Sitzplätzen
F_{D_i}	Verteilungsfunktion der Nachfrage für Produkt i
f_j	Revenue für flexibles Produkt j
$G = \{1, \ldots, \lvert G\rvert\}$	Menge von Ground-Aktivitäten
$H = \{1, \ldots, \lvert H\rvert\}$	Menge von Flügen bzw. Flugaktivitäten
$I = \{1, \ldots, \lvert I\rvert\}$	Menge angebotener (spezifischer) Produkte
$\bar{I} = \left\{1, \ldots, \lvert\bar{I}\rvert\right\}$	Menge angebotener Verbindungen
$In(n)$	Menge eingehender Aktivitäten bzgl. Airport n
$J = \{1, \ldots, \lvert J\rvert\}$	Menge angebotener flexibler Produkte
$K = \{1, \ldots, \lvert K\rvert\}$	Menge von Klassen
Kap_τ	Anzahl an verfügbaren Flugzeugen vom Typ τ
$l_{act,\tau}$	binäre Variable für die Zuordnung von Flugzeugtyp τ zu Aktivität act

$l_{g\tau}$	binäre Variable für die Zuordnung von Flugzeugtyp τ zu Ground-Activity g
$l_{h\tau}$	binäre Variable für die Zuordnung von Flugzeugtyp τ zu Flug h
M_j	Execution-Mode für ein flexibles Produkt j
$N = \{1, \ldots, \|N\|\}$	Menge von Airports
NP_i	Anzahl der vor der Konkurrenz durch niederwertigere Tarifprodukte geschützten Kapazitätseinheiten für ein Produkt i
NLF_{ih}	Netto Leg Fare bzgl. Produkt i und Ressource/Flug h
OK_h	Opportunitätskosten bzgl. Ressource/Flug h
$Out(n)$	Menge ausgehender Aktivitäten bzgl. Airport n
$p_t(i)$	Wahrscheinlichkeit für eine Anfrage nach Produkt i in Periode t
p_h	Wahrscheinlichkeit, dass ein Kunde einen gebuchten Flug h nutzt
p_{hk}	Wahrscheinlichkeit, dass ein Kunde einen gebuchten Flug h in Klasse k nutzt
$q_t(r_t)$	Absatzmenge bei Revenue r_t in Periode t
Q^*	geschütztes Kontingent eines höherwertigen Produkts gegenüber einem niedrigpreisigen Produkt
Q_v^{i*}	geschütztes Kontingent von Produkt i gegenüber einem niedrigpreisigen Produkt v
q_t	Absatzmenge in Periode t
$\mathbf{q}$	Vektor $(q_1, \ldots, q_T)$ der in einzelnen Perioden generierten Nachfragemengen q_t
q_t^*	optimale Verkaufsmenge in Zeitperiode t
$\mathbf{q}^*$	Vektor $(q_1^*, \ldots, q_T^*)$ der optimalen Verkaufsmengen q_t^*
r_i	Revenue für (spezifisches) Produkt i
r_t	Revenue beim Verkauf eines Produktes in Periode t
r_{it}	Revenue beim Verkauf eines Produktes i in Periode t
$r_{\bar{I}k}$	Revenue für Klasse k innerhalb von Verbindung $\bar{I}$
$s_t(q_t)$	Erlös bei Absatzmenge q_t in Periode t
T	Buchungsperiode/Verkaufszeitraum mit T diskreten Zeitperioden
t	Zeitperiode $t \in T$ innerhalb der Buchungsperiode
$\tilde{T} = \left\{1, \ldots, \|\tilde{T}\|\right\}$	Menge verfügbarer Flugzeugtypen

u_h	Anzahl abgewiesener Kunden auf Flug h
u_{hk}	Anzahl abgewiesener Kunden auf Flug h und Klasse k
$V_t(\mathbf{c}^{Rest})$	Wertfunktion (erwarteter Nutzen bzgl. Periode t und Restkapazität $\mathbf{c}^{Rest}$)
$V_t^{Meth_h}\left(c_h^{Rest}\right)$	Wertfunktion bei Anwendung von $Meth_h$ bzgl. Periode t und Restkapazität c_h^{Rest}
x_i	Anzahl anzunehmender Kunden für (spezifisches) Produkt i
$x_{\bar{i}k}$	Anzahl anzunehmender spezifischer Kunden bei Verbindung $\bar{i}$ und Klasse k
y_{jm}	Anzahl anzunehmender Kunden für flexibles Produkt j bzgl. Execution-Mode m
z_h	Überbuchungslimit für Flug h
z_{hk}	Überbuchungslimit für Flug h und Klasse k
α_h	Gewichtungen für Ressource/Flug h bei Anwendung von Prorated EMSR
$\boldsymbol{\alpha}$	Vektor der Gewichtungen $\left(\alpha_1, \ldots, \alpha_{\|H\|}\right)$ bei Anwendung von Prorated EMSR
γ	Parameter bei Anwendung von OD Factor Methods
λ	Lagrange-Multiplikator
π_{ht}	Bid Price von Ressource/Flug h bzgl. Zeitperiode t
ρ_k	Anteil flexibler Kunden in Klasse k

C.2 Weitere Bezeichnungen

$P(E)$	Wahrscheinlichkeit des Eintreffens eines Ereignisses E
$f'(x)$	Ableitung einer Funktion $f(x)$
$f^{-1}(x)$	Umkehrfunktion einer Funktion $f(x)$
$inf_{x \in \mathbb{D}} f(x)$	Infimum einer Funktion $f(x)$ mit Definitionsbereich $\mathbb{D}$
$\mathbb{D}$	Definitionsbereich
$\mathbb{W}$	Wertebereich
$\|M\|$	Kardinalität einer Menge M
$O(.)$	Abschätzung elementarer Rechenoperationen

$\nabla V_t\left(\mathbf{c}^{Rest}\right)$	Gradient der Wertfunktion in Periode t und Restkapazität $\mathbf{c}^{Rest}$
$\frac{\partial}{\partial c_h^{Rest}} V_{t-1}\left(\mathbf{c}^{Rest}\right)$	partielle Ableitung von $V_{t-1}\left(\mathbf{c}^{Rest}\right)$ nach c_h^{Rest}
∞	unendlich große Zahl
$\lceil x \rceil$	kleinste ganze Zahl größer oder gleich x
$\lfloor x \rfloor$	größte ganze Zahl kleiner oder gleich x

C.3 Verwendete Abkürzungen

bzgl.	bezüglich
bzw.	beziehungsweise
d.h.	das heißt
DLP	Deterministic Linear Programming
etc.	et cetera
EMSR	Expected Marginal Seat Revenue
FH1, FH2,...	Flughafen 1, Flughafen 2,...
GE	Geldeinheit(en)
KE	Kapazitätseinheit(en)
OD	Origin Destination
OK	Opportunitätskosten
PEMSR	Prorated Expected Marginal Seat Revenue
PBLP	Probabilistic Binary Linear Programming
PNLP	Probabilistic Nonlinear Programming
RM	Revenue Management
sog.	so genannte(n/r/s)
s.t.	subject to
usw.	und so weiter
vgl.	vergleiche
z.B.	zum Beispiel

Literaturverzeichnis

[1] Abara, J. (1989): Applying Integer Linear Programming to the Fleet Assignment Problem. *Interfaces* 19(4):20–28.

[2] Adelman, D. (2007): Dynamic Bid Prices in Revenue Management. *Operations Research* 55(4):647–661.

[3] Amaruchkul, K.; Sae-Lim, P. (2011): Airline Overbooking Models With Misspecification. *Journal of Air Transport Management* 17(2):143–147.

[4] Anderson, C.K.; Blair, M. (2004): Performance Monitor: The Opportunity Costs of Revenue Management. *Journal of Revenue and Pricing Management* 2(4):353–367.

[5] Anderson, C.K.; Carroll, B. (2007): Demand Management: Beyond Revenue Management. *Journal of Revenue and Pricing Management* 6(4):260–263.

[6] Aviv, Y.; Pazgal, A. (2005): A Partially Observed Markov Decision Process for Dynamic Pricing. *Management Science* 51(9):1400–1416.

[7] Aviv, Y.; Pazgal, A. (2008): Optimal Pricing of Seasonal Products in the Presence of Forward-Looking Consumers. *Manufacturing & Service Operations Management* 10(3):339–359.

[8] Ball, M.; Barnhart, C.; Nemhauser, G.L.; Odoni, A. (2007): Air Transportation: Irregular Operations and Control. In: Barnhart, C.; Laporte, G., Eds.: Transportation: Handbooks in Operations Research and Management Science, Vol. 14. North-Holland, Amsterdam, 1–64.

[9] Bansal, M.; Maglaras, C. (2009): Dynamic Pricing When Customers Strategically Time Their Purchase: Asymptotic Optimality of a Two-Price Policy. *Journal of Revenue and Pricing Management* 8(1):42–66.

[10] Barnhart, C.; Belobaba, P.; Odoni, A.R. (2003): Applications of Operations Research in the Air Transport Industry. *Transportation Science* 37(4):368–391.

[11] Barnhart, C.; Bertsimas, D.; Caramanis, C.; Fearing, D. (2012): Equitable and Efficient Coordination in Traffic Flow Management. *Transportation Science* 46(2):262–280.

[12] Barnhart, C.; Boland, N.L.; Clarke, L.W.; Johnson, E.L.; Nemhauser, G.L.; Shenoi, R.G. (1998): Flight String Models for Aircraft Fleeting and Routing. *Transportation Science* 32(3):208–220.

[13] Barnhart, C.; Cohn, A. (2004): Airline Schedule Planning: Accomplishments and Opportunities. *Manufacturing & Service Operations Management* 6(1):3–22.

[14] Barnhart, C.; Farahat, A.; Lohatepanont, M. (2009): Airline Fleet Assignment With Enhanced Revenue Modeling. *Operations Research* 57(1):231–244.

[15] Barnhart, C.; Johnson, E.L.; Nemhauser, G.L.; Savelsbergh, P.; Vance, P. (1998): Branch-and-Price: Column Generation for Solving Huge Integer Programs. *Operations Research* 46(3):316–326.

[16] Barnhart, C.; Kniker, T.S.; Lohatepanont, M. (2002): Itinerary-Based Airline Fleet Assignment. *Transportation Science* 36(2):199–217.

[17] Barnhart, C.; Lu, F.; Shenoi, R. (1998): Integrated Airline Schedule Planning. In: Yu, G., Eds.: Operations Research in the Airline Industry. Springer-Verlag, New York, 384–403.

[18] Bartodziej, P.; Derigs, U. (2004): On an Experimental Algorithm for Revenue Management for Cargo Airlines. In: Ribeiro, C.C.; Martins, S.L., Eds.: Experimental and Efficient Algorithms. Springer, Berlin, Heidelberg, New York, 57-71.

[19] Bartodziej, P.; Derigs, U.; Zils, M. (2007): O&D Revenue Management in Cargo Airlines – A Mathematical Programming Approach. *OR Spectrum* 29(1):105–121.

[20] Barz, C.; Waldmann, K.-H. (2007): Risk-Sensitive Capacity Control in Revenue Management. *Mathematical Methods of Operations Research* 65(3):565–579.

[21] Becker, B.; Dill, N. (2007): Managing the Complexity of Air Cargo Revenue Management. *Journal of Revenue and Pricing Management* 6(3):175–187.

[22] Becker, B.; Wald, A. (2008): Air Cargo Overbooking Based on the Shipment Information Record. *Journal of Revenue and Pricing Management* 7(3):242–255.

[23] Beckmann, M.J. (1958): Decision and Team Problems in Airline Reservations. *Econometrica* 26(1):134–145.

[24] Bellman, R. (1957): Dynamic Programming, Princeton University Press.

[25] Belobaba, P.P. (1987a): Air Travel Demand and Airline Seat Inventory Management. Ph.D. Thesis, Flight Transportation Laboratory, Massachusetts Institute of Technology, Cambridge.

[26] Belobaba, P.P. (1987b): Airline Yield Management. An Overview of Seat Inventory Control. *Transportation Science* 21(2):63–73.

[27] Belobaba, P.P. (1989): Application of a Probabilistic Decision Model to Airline Seat Inventory Control. *Operations Research* 37(2):183–197.

[28] Belobaba, P.P. (1992): Optimal vs. Heuristic Methods for Nested Seat Allocation. Proceedings of AGIFORS Reservations and Yield Management Study Group, Brussels, 28–53.

[29] Belobaba, P.P.; Weatherford, L.R. (1996): Comparing Decision Rules That Incorporate Customer Diversion in Perishable Asset Revenue Management Situations. *Decision Science* 27(2):343–363.

[30] Berge, M.E.; Hopperstad, C.A. (1993): Demand Driven Dispatch: A Method for Dynamic Aircraft Capacity Assignment, Models and Algorithms. *Operations Research* 41(1):153–168.

[31] Bertsekas, D.P. (2005): Dynamic Programming and Optimal Control. Vol. 1, 3rd. Edition, Athena Scientific, Belmont.

[32] Bertsimas, D.; de Boer, S.V. (2005a): Simulation-Based Booking Limits for Airline Revenue Management. *Operations Research* 53(1):90–106.

[33] Bertsimas, D.; de Boer, S.V. (2005b): Dynamic Pricing and Inventory Control for Multiple Products. *Journal of Revenue and Pricing Management* 3(4):303–319.

[34] Bertsimas, D.; Popescu, I. (2003): Revenue Management in a Dynamic Network Environment. *Transportation Science* 37(3):257–277.

[35] Bertsimas, D.; Shioda, R. (2003): Restaurant Revenue Management. *Operations Research* 51(3):472–486.

[36] Bio.Diaspora Project (2013) [Online-Quelle] http://www.biodiaspora.com/index.html (abgerufen am 08.03.2013)

[37] Bitran, G.; Caldentey, R. (2003): An Overview of Pricing Models for Revenue Management. *Manufacturing & Service Operations Management* 5(3):203–229.

[38] Boyd, E.A. (1998): Airline Alliances. *OR/MS Today* 25(5):28–31.

[39] Boyd, E.A.; Bilegan, I.C. (2003): Revenue Management and E-Commerce. *Management Science* 49(10):1363–1386.

[40] Boyd, E.A.; Kallesen, R. (2004): The Science of Revenue Management When Passengers Purchase the Lowest Available Fare. *Journal of Revenue and Pricing Management* 3(2):171–177.

[41] Bront, J.J.M.; Méndez-Díaz, I.; Vulcano, G. (2009): A Column Generation Algorithm for Choice-Based Network Revenue Management. *Operations Research* 57(3):769–784.

[42] Brumelle, S.L.; McGill, J.I. (1993): Airline Seat Allocation With Multiple Nested Fare Classes. *Operations Research* 41(1):127–137.

[43] Brumelle, S.L.; McGill, J.I.; Oum, T.H.; Sawaki, K.; Thretheway, M.W. (1990): Allocation of Airline Seats Between Stochastically Dependent Demands. *Transportation Science* 24(3):183–192.

[44] Brumelle, S.; Walczak, D. (2003): Dynamic Airline Revenue Management With Multiple Semi-Markov Demand. *Operations Research* 51(1):137–148.

[45] Büke, B.; Yildirim, U.; Kuyumcu, H.A. (2008): New Stochastic Linear Programming Approximations for Network Capacity Control Problem With Buy-Ups. *Journal of Revenue and Pricing Management* 7(1):61–84.

[46] Butchers, E.R.; Day, P.R.; Goldie, A.P.; Miller, S.; Meyer, J.A.; Ryan, D.M.; Scott, A.C.; Wallace, C.A. (2001): Optimized Crew Scheduling at Air New Zealand. *Interfaces* 31(1):30–56.

[47] Caldentey, R.A. (2002): Revenue Management of a Make-to-Stock Queue. *Manufacturing & Service Operations Management* 4(1):4–6.

[48] Caro, F.; Gallien, J. (2007): Inventory Management of a Fast-Fashion Retail Network. *Operations Research* 58(2):257-273.

[49] Carroll, W.J.; Grimes, R.C. (1995): Evolutionary Change in Product Management: Experiences in the Car Rental Industry. *Interfaces* 25(5):84-104.

[50] Chatwin, R.E. (1998): Multiperiod Airline Overbooking With a Single Fare Class. *Operations Research* 46(6):805–819.

[51] Chen, C.; Kachani, S. (2007): Forecasting and Optimisation for Hotel Revenue Management. *Journal of Revenue and Pricing Management* 6(3):163–174.

[52] Chiang, W.-C.; Chen, J.C.H.; Xu, X. (2007): An Overview of Research on Revenue Management: Current Issues and Future Research. *International Journal of Revenue Management* 1(1):97–128.

[53] Clarke, L.W.; Hane, C.A.; Johnson, E.L.; Nemhauser, G.L. (1996): Maintenance and Crew Considerations in Fleet Assignment. *Transportation Science* 30(3):249–260.

[54] Clarke, L.W.; Johnson, E.L.; Nemhauser, G.L.; Zhu, Z. (1997): The Aircraft Rotation Problem. *Annals of Operations Research* 69(1):33–46.

[55] Clarke, L.W.; Smith, B. (2004): Impact of Operations Research on the Evolution of the Airline Industry. *Journal of Aircraft* 41(1):62–72.

[56] Cordeau, J.-F.; Stojković, G.; Soumis, F.; Desrosiers, J. (2001): Benders Decomposition for Simultaneous Aircraft Routing and Crew Scheduling. *Transportation Science* 35(4):375–388.

[57] Corsten, H.; Gössinger, R. (2007): Dienstleistungsmanagement. 5. Aufl., Oldenbourg, München.

[58] Coulter, K.S. (1999): The Application of Airline Yield Management Techniques to a Holiday Retail Shopping Setting. *Journal of Product & Brand Management* 8(1):61–72.

[59] Cross, R.G. (1997): Revenue Management: Das richtige Produkt für den richtigen Kunden zum richtigen Zeitpunkt zum richtigen Preis; weg vom Downsizing hin zu Real Growth. Ueberreuter, Wien, Frankfurt am Main.

[60] Cross, R.G. (2001): Ressourcen erkennen – Umsätze steigern: Mit Revenue Management neue Einnahmequellen erschließen. Ueberreuter, Wien, Frankfurt am Main.

[61] Currie, C.S.M.; Cheng, R.C.H.; Smith, H.K. (2008): Dynamic Pricing of Airline Tickets With Competition. *Journal of the Operational Research Society* 59(8):1026–1037.

[62] Currie, C.S.M.; Simpson, D. (2009): Optimal Pricing Ladders for the Sale of Airline Tickets. *Journal of Revenue and Pricing Management* 8(1):96–106.

[63] Curry, R.E. (1990): Optimal Airline Seat Allocation With Fare Classes Nested by Origins and Destinations. *Transportation Science* 24(3):193–204.

[64] Dai, Y.; Raeside, R.; Smyth, A. (2005): The Use of Load Factors to Segment Airline Operators. *Journal of Revenue and Pricing Management* 4(2):195–203.

[65] Daskin, M.S.; Panayotopoulos, N.D. (1989): A Lagrangian Relaxation Approach to Assigning Aircraft to Routes in Hub and Spoke Networks. *Transportation Science* 23(2):91–99.

[66] Daudel, S.; Vialle, G. (1992): Yield-Management: Erträge optimieren durch nachfrageorientierte Angebotssteuerung. Campus-Verlag, Frankfurt, New York.

[67] Desaulniers, G.; Desrosiers, J.; Dumas, Y.; Solomon, M.M.; Soumis, F. (1997): Daily Aircraft Routing and Scheduling. *Management Science* 43(6):841–855.

[68] Desiraju, R.; Shugan, S.M. (1999): Strategic Service Pricing and Yield Management. *Journal of Marketing* 63(1):44–56.

[69] Dillon, J.; Gopalan, R.; Ramachandran, S.; Rushmeir, R.; Talluri, K.T. (1993): Fleet Assignment at USAir. *TIMS/ORSA Joint National Meeting*, Phoenix, AZ, 1993.

[70] Doganis, R. (2010): Flying off Course: The Economics of International Airlines. 4. Aufl., Routledge, London.

[71] Domschke, W.; Drexl, A. (2007): Einführung in Operations Research. 7. Aufl., Springer, Berlin, Heidelberg, New York.

[72] Dror, M.; Trudeau, P.; Ladany, S.P. (1988): Network Models for Seat Allocation on Flights. *Transportation Research Part B* 22(4):239–250.

[73] D'Sylva, E. (1982): OD Seat Assignment to Maximize Expected Revenue. Technical Report, Boeing Commercial Airplane Company, Seattle, WA.

[74] Dunbar, M.; Froyland, G.; Wu, C.-L. (2012): Robust Airline Schedule Planning: Minimizing Propagated Delay in an Integrated Routing and Crewing Framework. *Transportation Science* 46(2):204–216.

[75] Dunleavy, H.; Phillips, G. (2009): The Future of Airline Revenue Management. *Journal of Revenue and Pricing Management* 8(4):388–395.

[76] El-Haber, S.; El-Taha, M. (2004): Dynamic Two-Leg Airline Seat Inventory Control With Overbooking, Cancellations and No-Shows. *Journal of Revenue and Pricing Management* 3(2):143–170.

[77] Elmaghraby, W.; Gülcü, A.; Keskinocak, P. (2003): Optimal Markdown Mechanisms in the Presence of Rational Customers With Multi-Unit Demands. *Working Paper.*

[78] Elmaghraby, W.; Keskinocak, P. (2003): Dynamic Pricing in the Presence of Inventory Considerations: Research Overview, Current Practices, and Future Directions. *Management Science* 49(10):1287–1309.

[79] Erdelyi, A.; Topaloglu, H. (2009): Separable Approximations for Joint Capacity Control and Overbooking Decisions in Network Revenue Management. *Journal of Revenue and Pricing Management* 8(1):3–20.

[80] Erdelyi, A.; Topaloglu, H. (2010): A Dynamic Programming Decomposition Method for Making Overbooking Decision Over an Airline Network. *INFORMS Journal on Computing* 22(3):443–456.

[81] Erdelyi, A.; Topaloglu, H. (2011): Using Decomposition Methods to Solve Pricing Problems in Network Revenue Management. *Journal of Revenue and Pricing Management* 10(4):325–343.

[82] Espinoza, D.; Garcia, R.; Goycoolea, M.; Nemhauser, G.L.; Savelsbergh, M.W.P. (2008a): Per-Seat, On-Demand Air Transportation Part I: Problem Description and an Integer Multicommodity Flow Model. *Transportation Science* 42(3):263–278.

[83] Espinoza, D.; Garcia, R.; Goycoolea, M.; Nemhauser, G.L.; Savelsbergh, M.W.P. (2008b): Per-Seat, On-Demand Air Transportation Part II: Parallel Local Search. *Transportation Science* 42(3):279–291.

[84] Feng, Y.; Gallego, B. (2000): Perishable Asset Revenue Management With Markovian Time Dependent Demand Intensities. *Management Science* 46(7):941–956.

[85] Feng, Y.; Xiao, B. (2000): A Continuous-Time Yield Management Model With Multiple Prices and Reversible Price Changes. *Management Science* 46(5):644–657.

[86] Feng, Y.; Xiao, B. (2001): A Dynamic Airline Seat Inventory Control Model and its Optimal Policy. *Operations Research* 49(6):938–949.

[87] Ferguson, A.R.; Dantzig, G.B. (1956a): The Problem of Routing Aircraft – A Mathematical Solution. *Aeronautical Engineering Review* 14(4):51–55.

[88] Ferguson, A.R.; Dantzig, G.B. (1956b): The Allocation of Aircraft to Routes – An Example of Linear Programming Under Uncertain Demand. *Management Science* 3(1):45–73.

[89] Fiig, T.; Isler, K.; Hopperstad, C.; Belobaba, P. (2010): Optimization of Mixed Fare Structures: Theory and Applications. *Journal of Revenue and Pricing Management* 9(1/2):152–170.

[90] Frank, M.; Friedemann, M.; Mederer, M.; Schröder, A. (2006): Airline Revenue Management: A Simulation of Dynamic Capacity Management. *Journal of Revenue and Pricing Management* 5(1):62–71.

[91] Freeland, L.C. (2007): Adoption of Customer-Centric Cargo Revenue Management: Brief History of Cargo Revenue Management vs Passenger Revenue Management. *Journal of Revenue and Pricing Management* 6(4):284–286.

[92] Gallego, G.; Hu, M. (2007): Dynamic Pricing of Perishable Assets Under Competition. *Working Paper.*

[93] Gallego, G.; Iyengar, G.; Phillips, R.; Dubey, A. (2004): Managing Flexible Products on a Network. CORC Technical Report TR-2004-01, IEOR Department, University of Columbia.

[94] Gallego, G.; Krishnamoorthy, S.; Phillips, R. (2011): Competitive Revenue Management With Forward and Spot Markets. *Journal of Revenue and Pricing Management* 10(2):132–160.

[95] Gallego, G.; Li, L.; Ratliff, R. (2009): Choice-Based EMSR Methods for Single-Leg Revenue Management With Demand Dependencies. *Journal of Revenue and Pricing Management* 8(2/3):207–240.

[96] Gallego, G.; Phillips, R. (2004): Revenue Management of Flexible Products. *Manufacturing & Service Operations Management* 6(4):321–337.

[97] Gallego, G.; van Ryzin, G.J. (1997): A Multiproduct Dynamic Pricing Problem and its Applications to Network Yield Management. *Operations Research* 45(1):24–41.

[98] Gao, H.; Ball, M.O.; Karaesmen, I. (2010): Competitive Seat Inventory Control Decisions Under the Regret Criterion. *Journal of Revenue and Pricing Management* 9(1/2):49–65.

[99] Gao, C.; Johnson, E.; Smith, B. (2009): Integrated Airline Fleet and Crew Robust Planning. *Transportation Science* 43(1):2–16.

[100] Gaul, W. (2010): Vorlesungsskript Unternehmensplanung und OR, Institut für Entscheidungstheorie und Unternehmensforschung (ETU), KIT.

[101] Gaul, W.; Azizi, A.D. (2010): A Demand Learning Data Based Approach to Optimize Revenues of a Retail Chain. In: Locarek-Junge, H.; Weihs, C., Eds.: Classification as a Tool for Research: Studies in Classification, Data Analysis, and Knowledge Organization. Springer, Berlin, Heidelberg, 683–691.

[102] Geraghty, M.K.; Johnson, E. (1997): Revenue Management Saves National Car Rental. *Interfaces* 27(1):107-127.

[103] Glover, F.; Glover, R.; Lorenzo, J.; McMillan, C. (1982): The Passenger-Mix Problem in the Scheduled Airlines. *Interfaces* 12(3):73–79.

[104] Gopalan, R.; Talluri, K.T. (1998a): Mathematical Models in Airline Schedule Planning: A Survey. *Annals of Operations Research* 76(1):155–185.

[105] Gopalan, R.; Talluri, K.T. (1998b): The Aircraft Maintenance Routing Problem. *Operations Research* 46(2):260–271.

[106] Gorin, T.; Brunger, W.G.; White, M.M. (2006): No-Show Forecasting: A Blended Cost-Based, PNR-Adjusted Approach. *Journal of Revenue and Pricing Management* 5(3):188–206.

[107] Gosavi, A.; Ozkaya, E.; Kahraman, A.F. (2007): Simulation Optimization for Revenue Management of Airlines With Cancellations and Overbooking. *OR Spectrum* 29(1):21–38.

[108] Gu, Z.; Johnson, E.L.; Nemhauser, G.L.; Wang, Y. (1994): Some Properties of the Fleet Assignment Problem. *Operations Research Letters* 15(2):59–71.

[109] Hane, C.A.; Barnhart, C.; Johnson, E.L.; Marsten, R.E.; Nemhauser, G.L.; Sigismondi, G. (1995): The Fleet Assignment Problem: Solving a Large-Scale Integer Program. *Mathematical Programming* 70(1):211–232.

[110] Harewood, S. (2008): Coordinating the Tourism Supply Chain Using Bid Prices. *Journal of Revenue and Pricing Management* 7(3):266–280.

[111] Higle, J.L. (2007): Bid-Price Control With Origin-Destination Demand: A Stochastic Programming Approach. *Journal of Revenue and Pricing Management* 5(4):291–304.

[112] Hood, I.S.A. (2000): Merlin: Model to Evaluate Revenue and Loadings for Intercity. In: Ingold, A.; McMahon-Beattie, B.; Yeoman, I., Eds.: Yield Management – Strategies for the Service Industries. 2. Aufl., Continuum, London, 98–110.

[113] Huang, K.; Chang, K.-C. (2011): A Model for Airline Seat Control Considering Revenue Uncertainty and Risk. *Journal of Revenue and Pricing Management* 10(2):161–171.

[114] IBM ILOG CPLEX Optimization Studio, Produktbeschreibung (2013) [Online-Quelle] http://www-03.ibm.com/software/products/de/de/ibmilogcpleoptistud/ (abgerufen am 10.05.2013)

[115] Isler, K.; Imhof, H. (2008): A Game Theoretic Model for Airline Revenue Management and Competitive Pricing. *Journal of Revenue and Pricing Management* 7(4):384–396.

[116] Jacobs, T.L.; Ratliff, R.; Smith, B.C. (2010): Understanding the Relationship Between Price, Revenue Management Controls and Scheduled Capacity – A Price Balance Statistic for Optimizing Pricing Strategies. *Journal of Revenue and Pricing Management* 9(4):356–373.

[117] Jacobs, T.L.; Smith, B.C.; Johnson, E.L. (2008): Incorporating Network Flow Effects Into the Airline Fleet Assignment Process. *Transporation Science* 42(4):514–529.

[118] Jiang, H.; Barnhart, C. (2009): Dynamic Airline Scheduling. *Transportation Science* 43(3):336–354.

[119] Karaesmen, I.; van Ryzin, G.J. (2004a): Coordinating Overbooking and Capacity Control Decisions on a Network. Technical Report, Columbia Business School, New York.

[120] Karaesmen, I.; van Ryzin, G.J. (2004b): Overbooking With Substitutable Inventory Classes. *Operations Research* 52(1):83–104.

[121] Karpowicz, A.; Szajowski, K. (2007): Double Optimal Stopping Times and Dynamic Pricing Problem: Description of the Mathematical Model. *Mathematical Methods of Operations Research* 66(2):235–253.

[122] Keysan, G.; Nemhauser, G.; Savelsbergh, M.W.P. (2010): Tactical and Operational Planning of Scheduled Maintenance for Per-Seat, On-Demand Air Transportation. *Transportation Science* 44(3):291–306.

[123] Kimes, S.E.; Chase, R.B.; Choi, S.; Lee, P.Y.; Ngonzi, E.N. (1998): Restaurant Revenue Management: Applying Yield Management to the Restaurant Industry. *Cornell Hotel and Restaurant Administration Quarterly* 39(1):32–39.

[124] Kimes, S.E. (1999): Implementing Restaurant Revenue Management. *Cornell Hotel and Restaurant Administration Quarterly* 40(1):16–21.

[125] Kimes, S.E. (2000): A Strategic Approach to Yield Management. In: Ingold, A.; McMahon-Beattie, B.; Yeoman, I., Eds.: Yield Management – Strategies for the Service Industries. 2. Aufl., Continuum, London, 3–14.

[126] Kimes, S.E. (2005): Restaurant Revenue Management: Could it Work? *Journal of Revenue & Pricing Management* 4(1):95–97.

[127] Kimms, A.; Klein, R. (2005): Revenue Management im Branchenvergleich. *Zeitschrift für Betriebswirtschaft* 75 (Special Issue 1):1–30.

[128] Kimms, A.; Müller-Bungart, M. (2007a): Simulation of Stochastic Demand Data Streams for Network Revenue Management Problems. *OR Spectrum* 29(1):5–20.

[129] Kimms, A.; Müller-Bungart, M. (2007b): Revenue Management for Broadcasting Commercials: The Channel's Problem of Selecting and Scheduling Advertisements to be Aired. *International Journal of Revenue Management* 1(1):28–44.

[130] Kimms, A.; Müller-Bungart, M. (2007c): Revenue Management unter Berücksichtigung des Kundenwahlverhaltens. *WiSt Heft 8 August 2006.*

[131] Klabjan, D. (2005): Large-Scale Models in the Airline Industry. In: Desaulniers, G.; Desrosiers, J.; Solomon, M.M., Eds.: Column Generation. Springer, New York, 163–195.

[132] Klein, R. (2001): Revenue Management: Quantitative Methoden zur Erlösmaximierung in der Dienstleistungsproduktion. *Betriebswirtschaftliche Forschung und Praxis* 53(3):245–259.

[133] Klein, R. (2005): Revenue Management: Grundlagen und Methoden der Kapazitätssteuerung. Springer, Berlin, Heidelberg, New York.

[134] Klein, R. (2007): Network Capacity Control Using Self-Adjusting Bid-Prices. *OR Spectrum* 29(1):39–60.

[135] Klein, R.; Steinhardt, C. (2008): Revenue Management: Grundlagen und Mathematische Methoden. Springer, Berlin, Heidelberg, New York.

[136] Klophaus, R.; Pölt, S. (2007): Airline Overbooking With Dynamic Spoilage Costs. *Journal of Revenue and Pricing Management* 6(1):9–18.

[137] Kraft, E.R.; Sriker, B.N.; Phillips, R.L. (2000): Revenue Management in Railroad Applications. *Transportation Quarterly* 54(1):157–176.

[138] Kunnumkal, S.; Talluri, K.; Topaloglu, H. (2012): A Randomized Linear Programming Method for Network Revenue Management with Product-Specific No-Shows. *Transportation Science* 46(1):90–108.

[139] Kunnumkal, S.; Topaloglu, H. (2008): A Tractable Revenue Management Model for Capacity Allocation and Overbooking Over an Airline Network. *Flexible Services Manufacturing Journal* 20(3-4):125–147.

[140] Kunnumkal, S.; Topaloglu, H. (2010a): A Stochastic Approximation Algorithm for Making Pricing Decisions in Network Revenue Management Problems. *Journal of Revenue and Pricing Management* 9(5):419–442.

[141] Kunnumkal, S.; Topaloglu, H. (2010b): Computing Time-Dependent Bid Prices in Network Revenue Management Problems. *Transportation Science* 44(1):38–62.

[142] Kunnumkal, S.; Topaloglu, H. (2011): A Stochastic Approximation Algorithm to Compute Bid Prices for Joint Capacity Allocation and Overbooking Over an Airline Network. *Naval Research Logistics* 58(4):323–343.

[143] Kuyumcu, H.A.; Popescu, I. (2006): Deterministic Price-Inventory Management for Substitutable Products. *Journal of Revenue and Pricing Management* 4(4):354–366.

[144] Lai, K.-K.; Ng, W.-L. (2005): A Stochastic Approach to Hotel Revenue Optimization. *Computers & Operations Research* 32(5):1059–1072.

[145] Lan, Y.; Ball, M.O.; Karaesmen, I. (2011): Regret in Overbooking and Fare-Class Allocation for Single Leg. *Manufacturing & Service Operations Management* 13(2):194–208.

[146] Lan, S.; Clarke, J.-P.; Barnhart, C. (2006): Planning for Robust Airline Operations: Optimizing Aircraft Routings and Flight Departure Times to Minimize Passenger Disruptions. *Transportation Science* 40(1):15–28.

[147] Lautenbacher, C.J.; Stidham, S. (1999): The Underlying Markov Decision Process in the Single-Leg Airline Yield-Management Problem. *Transportation Science* 33(2):136–146.

[148] Lee, T.C.; Hersh, M. (1993): A Model for Dynamic Airline Seat Inventory Control With Multiple Seat Bookings. *Transportation Science* 27(3):252–265.

[149] Liang, Z.; Chaovalitwongse, W.; Huang, H.C.; Johnson, E. (2011): On a New Rotation Tour Network Model for Aircraft Maintenance Routing Problem. *Transportation Science* 45(1):109–120.

[150] Lin, K.Y.; Sibdari, S.Y. (2009): Dynamic Price Competition With Discrete Customer Choices. *European Journal of Operational Research* 197(3):969–980.

[151] Listes, O.; Dekker, R. (2005): A Scenario Aggregation-Based Approach for Determining a Robust Airline Fleet Composition for Dynamic Capacity Allocation. *Transporation Science* 39(3):367–382.

[152] Littlewood, K. (1972): Forecasting and Control of Passenger Bookings. Proceedings of the Twelfth Annual AGIFORS Symposium, Oct. 1972, 95–117.

[153] Liu, Q.; van Ryzin, G.J. (2008a): On the Choice-Based Linear Programming Model for Network Revenue Management. *Manufacturing & Service Operations Management* 10(2):288–310.

[154] Liu, Q.; van Ryzin, G.J. (2008b): Strategic Capacity Rationing to Induce Early Purchases. *Management Science* 54(6):1115–1131.

[155] Lohatepanont, M.; Barnhart, C. (2004): Airline Schedule Planning: Integrated Models and Algorithms for Schedule Design and Fleet Assignment. *Transportation Science* 38(1):19–32.

[156] Luo, L.; Peng, J.-H. (2007): Dynamic Pricing Model for Airline Revenue Management Under Competition. *Systems Engineering – Theory & Practice* 27(11):15–25.

[157] MacDonald, L.; Anderson, C.K.; Rasmussen, H. (2010): Pricing and Inventory Polices Under Price-Tracking Behaviour. *International Journal of Revenue Management* 4(1):1–21.

[158] Maglaras, C.; Meissner, J. (2006): Dynamic Pricing Strategies for Multiproduct Revenue Management Problems. *Manufacturing & Service Operations Management* 8(2):136–148.

[159] Mangàni, B. (2006): The Optimal Ratio Between Advertising and Sales Income. *International Journal of Revenue Management* 1(1):65–78.

[160] Marcus, B.; Anderson, C.-K. (2008): Revenue Management for Low-Cost Providers. *European Journal of Operational Research* 188(1):258–272.

[161] Mathworks MATLAB, Produktbeschreibung (2013) [Online-Quelle] http://www.mathworks.de/products/matlab/ (abgerufen am 25.04.2013)

[162] McGill, J.I.; van Ryzin, G.J. (1999): Revenue Management: Research Overview and Prospects. *Transportation Science* 33(2):233–256.

[163] Meissner, J.; Strauss, A.K. (2010): Pricing Structure Optimization in Mixed Restricted/Unrestricted Fare Environments. *Journal of Revenue and Pricing Management* 9(5):399–418.

[164] Mercier, A. (2008): A Theoretical Comparison of Feasibility Cuts for the Integrated Aircraft-Routing and Crew-Pairing Problem. *Transportation Science* 42(1):87–104.

[165] Mercier, A.; Cordeau, J.-F.; Soumis, F. (2005): A Computational Study of Benders Decomposition for the Integrated Aircraft Routing and Crew Scheduling Problem. *Computers & Operations Research* 32(6):1451–1476.

[166] Michaels, L.; Fletcher, S. (2009): Competing in an LCC World. *Journal of Revenue and Pricing Management* 8(5):410–423.

[167] Murtagh, B.A.; Mitra, S. (2002): Yield Management With Side Conditions. *Asia-Pacific Journal of Operational Research* 19(1):71–86.

[168] Netessine, S.; Shumsky, R.A. (2005): Revenue Management Games: Horizontal and Vertical Competition. *Management Science* 51(5):813–831.

[169] Nickel, S.; Stein, 0.; Waldmann, K.-H. (2011): Operations Research. Springer, Berlin, Heidelberg, New York.

[170] Nuhn, H.; Hesse, M. (2006): Verkehrsgeographie. Schöningh, Paderborn.

[171] Pak, K.; Piersma, N. (2002): Airline Revenue Management: An Overview of OR Techniques 1982-2001. *Econometric Institute Report EI, 2002-2003.*

[172] Papadakos, N. (2009): Integrated Airline Scheduling. *Computers & Operations Research* 36(1):176–195.

[173] Perakis, G.; Sood, A. (2006): Competitive Multi-Period Pricing for Perishable Products: A Robust Optimization Approach. *Mathematical Programming, Series B* 107(1):295–335.

[174] Petrick, A.; Gönsch, J.; Steinhardt, C.; Klein, R. (2010): Dynamic Control Mechanisms for Revenue Management With Flexible Products. *Computers & Operations Management* 37(11):2027–2039.

[175] Petrick, A.; Steinhardt, C.; Gönsch, J.; Klein, R. (2012): Using Flexible Products to Cope With Demand Uncertainty in Revenue Management. *OR Spectrum* 34(1):215–242.

[176] Phillips, R.L. (2005): Pricing and Revenue Optimization. Stanford University Press, Stanford, California.

[177] Pölt, S. (1998): Forecasting is Difficult – Especially if it Refers to the Future. In *Reservations and Yield Management Study Group Annual Meeting Proceedings* Melbourne, Australia, 1998. AGIFORS.

[178] Pompl, W. (2006): Luftverkehr, eine ökonomische und politische Einführung, 5. Aufl., Springer, Berlin, Heidelberg, New York.

[179] Rexing, B.; Barnhart, C.; Kniker, T.; Jarrah, A.; Krishnamurthy, N. (2000): Airline Fleet Assignment With Time Windows. *Transportation Science* 34(1):1–20.

[180] Ringbom, S.; Shy, O. (2002): The „Adjustable Curtain“ Strategy: Overbooking of Multiclass Service. *Journal of Economics* 77(1):73–90.

[181] Robinson, L.W. (1995): Optimal and Approximate Control Policies for Airline Booking With Sequential Fare Classes. *Operations Research* 43(2):252–263.

[182] Rosenberger, J.M.; Johnson, E.L.; Nemhauser, G.L. (2004): A Robust Fleet-Assignment Model With Hub Isolation and Short Cycles. *Transportation Science* 38(3):357–368.

[183] Rushmeier, R.A.; Kontogiorgis, S.A. (1997): Advances in the Optimization of Airline Fleet Assignment. *Transportation Science* 31(2):159–169.

[184] Saddoune, M.; Desaulniers, G.; Elhallaoui, I.; Soumis, F. (2012): Integrated Airline Crew Pairing and Crew Assignment by Dynamic Constraint Aggregation. *Transportation Science* 46(1):39–50.

[185] Sandhu, R.; Klabjan, D. (2007): Integrated Airline Fleeting and Crew-Pairing Decisions. *Operations Research* 55(3):439–456.

[186] Savin, S.V.; Cohen, M.A.; Gans, N.; Katalan, Z. (2005): Capacity Management in Rental Business With two Customer Bases. *Operations Research* 53(4):617–631.

[187] Schäfer, A.J.; Johnson, E.L.; Kleywegt, A.J.; Nemhauser, G.L. (2005): Airline Crew Scheduling Under Uncertainty. *Transportation Science* 39(3):340–348.

[188] Sherali, H.D.; Bae, K.-H.; Haouari, M. (2010): Integrated Airline Schedule Design and Fleet Assignment: Polyhedral Analysis and Benders' Decomposition Approach. *INFORMS Journal on Computing* 22(4):500–513.

[189] Sherali, H.; Bish, E.; Zhu, X. (2005): Polyhedral Analysis and Algorithms for a Demand-Driven Refleeting Model for Aircraft Assignment. *Transportation Science* 39(3):349–366.

[190] Sherali, H.D.; Bish, E.K.; Zhu, X. (2006): Airline Fleet Assignment Concepts, Models, and Algorithms. *European Journal of Operational Research* 172(1):1–30.

[191] Sherali, H.D.; Zhu, X. (2008): Two-Stage Fleet Assignment Model Considering Stochastic Passenger Demands. *Operations Research* 56(2):383–399.

[192] Sibdari, S.; Lin, K.Y.; Chellappan, S. (2008): Multiproduct Revenue Management: An Empirical Study of Auto Train at Amtrak. *Journal of Revenue and Pricing Management* 7(2):172–184.

[193] Siddappa, S.; Rosenberger, J.M.; Chen, V.C.P. (2008): Optimising Airline Overbooking Using a Hybrid Gradient Approach and Statistical Modelling. *Journal of Revenue and Pricing Management* 7(2):207–218.

[194] Simão, H.; Day, J.; George, A.; Gifford, T.; Nienow, J.; Powell, W. (2009): An Approximate Dynamic Programming Algorithm for Large-Scale Fleet Management: A Case Application. *Transportation Science* 43(2):178–197.

[195] Simpson, R.W. (1989): Using Network Flow Techniques to Find Shadow Prices for Market and Seat Inventory Control. MIT, Flight Transportation Laboratory Memorandum m89-1, MIT, Cambridge, Massachusetts.

[196] Smith, B.C.; Penn, C.W. (1988): Analysis of Alternative Origin-Destination Control Strategies. In: AGIFORS Annual Symposium Proceedings 28, New Seabury, 1988, 113–121.

[197] Smith, B.C.; Leimkuhler, J.; Darrow, R. (1992): Yield Management at American Airlines. *Interfaces* 22(1):8–31.

[198] Spengler, T.; Rehkopf, S.; Volling, T. (2007): Revenue Management in Make-to-Order Manufacturing – An Application to the Iron and Steel Industry. *OR Spectrum* 29(1):157–171.

[199] Strasser, S. (1996): The Effect of Yield Management on Railroads. *Transportation Quarterly* 50(1):47–55.

[200] Subramanian, R.; Scheff, R.P.; Quillinan, J.D.; Wiper, D.S.; Marsten, R.E. (1994): Coldstart: Fleet Assignment at Delta Air Lines. *Interfaces* 24(1):104–120.

[201] Subramanian, J.; Stidham, S.; Lautenbacher, C.J. (1999): Airline Yield Management With Overbooking, Cancellations, and No-Shows. *Transportation Science* 33(2):147–167.

[202] Susskind, A.M.; Reynolds, D.; Tsuchiya, E. (2004): An Evaluation of Guests' Preferred Incentives to Shift Time-Variable Demand in Restaurants. *Cornell Hotel and Restaurant Administration Quarterly* 45(1):68–84.

[203] Swann, J. (2004): The Right Price Consultants. In: McMahon-Beattie, B.; Yeoman, I., Eds.: Revenue Management and Pricing: Case Studies and Applications. Continuum, London, 32–45.

[204] Talluri, K.T. (1996): Swapping Applications in a Daily Airline Fleet Assignment. *Transportation Science* 30(3):237–248.

[205] Talluri, K.T. (2001): Airline Revenue Management With Passenger Routing Control: A new Model With Solution Approaches. *International Journal of Services Technology and Management* 2(1/2):102–115.

[206] Talluri K.T.; van Ryzin, G.J. (1998): An Analysis of Bid-Price Controls for Network Revenue Management. *Management Science* 44(11):1577–1593.

[207] Talluri K.T.; van Ryzin, G.J. (1999): A Randomized Linear Programming Method for Computing Network Bid Prices. *Transportation Science* 33(2):207–216.

[208] Talluri K.T.; van Ryzin G.J. (2004a): The Theory and Practice of Revenue Management. Springer, Berlin, Heidelberg, New York.

[209] Talluri K.T.; van Ryzin, G.J. (2004b): Revenue Management Under a General Discrete Choice Model of Consumer Behavior. *Management Science* 50(1):15–33.

[210] Temath, C.; Pölt S.; Suhl, L. (2010): On the Robustness of the Network-Based Revenue Opportunity Model. *Journal of Revenue and Pricing Management* 9(4):341–355.

[211] Thiele, A. (2009): Multi-Product Pricing via Robust Optimisation. *Journal of Revenue and Pricing Management* 8(1):67–80.

[212] Topaloglu, H. (2008): A Stochastic Approximation Method to Compute Bid Prices in Network Revenue Management Problems. *INFORMS Journal on Computing* 20(4):596–610.

[213] Topaloglu, H. (2009): Using Lagrangian Relaxation to Compute Capacity-Dependent Bid Prices in Network Revenue Management. *Operations Research* 57(3):637–649.

[214] Tscheulin, D.K.; Lindenmeier, J. (2003): Yield Management – Erlösoptimale Steuerung von Preisen und Kapazitäten. *WISU – Das Wirtschaftsstudium* 32:1513–1518.

[215] Van Ryzin, G.J. (2005): Future of Revenue Management. Models of Demand. *Journal of Revenue and Pricing Management* 4(2):204–210.

[216] Van Ryzin, G.J.; McGill, J. (2000): Revenue Management Without Forecasting or Optimization: An Adaptive Algorithm for Determining Airline Seat Protection Levels. *Management Science* 46(6):760–775.

[217] Van Ryzin, G.J.; Vulcano, G. (2008): Simulation-Based Optimization of Virtual Nesting Controls for Network Revenue Management. *Operations Research* 56(4):865–880.

[218] Vinod, B. (2004): Unlocking the Value of Revenue Management in the Hotel Industry. *Journal of Revenue and Pricing Management* 3(2):178–190.

[219] Vinod, B. (2008): The Continuing Evolution: Customer-Centric Revenue Management. *Journal of Revenue and Pricing Management* 7(1):27–39.

[220] Von Martens, T.; Hilbert, A. (2011): Customer-Value-Based Revenue Management. *Journal of Revenue and Pricing Management* 10(1):87–98.

[221] Walczak, D.; Brumelle, S. (2007): Semi-Markov Information Model for Revenue Management and Dynamic Pricing. *OR Spectrum* 29(1):61–83.

[222] Weatherford, L.R. (2001): Optimization of Perishable Asset Revenue Management Problems That Allow Prices as Decision Variables. *International Journal of Services Technology and Management* 2(1/2):71–101.

[223] Weatherford, L.R.; Bodily, S.E. (1992): A Taxonomy and Research Overview of Perishable-Asset Revenue Management: Yield Management, Overbooking, and Pricing. *Operations Research* 40(5):831–844.

[224] Weatherford, L.R.; Ratliff, R.M. (2010): Review of Revenue Management Methods With Dependent Demands. *Journal of Revenue and Pricing Management* 9(4):326–340.

[225] Williamson, E.L. (1992): Airline Network Seat Control. Ph.D. Thesis MIT, Cambridge, Massachusetts.

[226] Wollmer R.D. (1986): A Hub-and-Spoke Seat Management Model. *Unveröffentlichter Arbeitsbericht* McDonnell Douglas Corporation, Long Beach.

[227] Wollmer R.D. (1992): An Airline Seat Management Model for a Single Leg Route When Lower Fare Classes Book First. *Operations Research* 40(1):26–37.

[228] Wright, C.; Groenevelt, H.; Shumsky, R. (2010): Dynamic Revenue Management in Airline Alliances. *Transportation Science* 44(1):15–37.

[229] Yeoman, I.; McMahon-Beattie, U.; Sutherland, R. (2001): Leisure Revenue Mangement. *Journal of Retail & Leisure Property* 1(4):306–317.

[230] Zhang, D.; Adelman, D. (2009): An Approximate Dynamic Programming Approach to Network Revenue Management with Customer Choice. *Transportation Science* 43(3):381–394.

[231] Zhang, D.; Cooper, W.L. (2005): Revenue Management for Parallel Flights With Customer-Choice Behavior. *Operations Research* 53(3):415–431.

[232] Zhang, D.; Kallesen, R. (2008): Incorporating Competitive Price Information Into Revenue Management. *Journal of Revenue and Pricing Management* 7(1):17–26.

[233] Zhao, W.; Zeng, Y.-S. (2000): Optimal Dynamic Pricing for Perishable Assets With Nonhomogeneous Demand. *Management Science* 46(3):375–388.

[234] Zhao, W.; Zeng, Y.-S. (2001): A Dynamic Allocation Model for Airline Seat Allocation With Passenger Diversion and No-Shows. *Transportation Science* 35(1):80–98.

[235] Zouaoui, F.; Rao, B.V. (2009): Dynamic Pricing of Opaque Airline Tickets. *Journal of Revenue and Pricing Management* 8(2/3):148–154.

ENTSCHEIDUNGSUNTERSTÜTZUNG FÜR ÖKONOMISCHE PROBLEME

Herausgegeben von Christian Becker, Wolfgang Gaul, Armin Heinzl, Alexander Mädche und Martin Schader

Band 1 Ingo Böckenholt: Mehrdimensionale Skalierung qualitativer Daten. Ein Instrument zur Unterstützung von Marketingentscheidungen. 1989.

Band 2 Jürgen Joseph: Arbeitswissenschaftliche Aspekte der betrieblichen Einführung neuer Technologien am Beispiel von Computer Aided Design (CAD). Felduntersuchung zur Ermittlung arbeitswissenschaftlicher Empfehlungen für die Einführung neuer Technologien. 1990.

Band 3 Eva Schönfelder: Entwicklung eines Verfahrens zur Bewertung von Schichtsystemen nach arbeitswissenschaftlichen Kriterien. 1992.

Band 4 Michael Bargl: Akzeptanz und Effizienz computergestützter Dispositionssysteme in der Transportwirtschaft. Empirische Studien zur Implementierungsforschung von Entscheidungsunterstützungssystemen am Beispiel computergestützter Tourenplanungssysteme. 1994.

Band 5 Reinhold Decker: Analyse und Simulation des Kaufverhaltens auf Konsumgütermärkten. Konzeption eines modell- und wissensorientierten Systems zur Auswertung von Paneldaten. 1994.

Band 6 Wolfgang Gaul / Martin Schader (Hrsg.): Wissensbasierte Marketing-Datenanalyse. Das WIMDAS-Projekt. 1994.

Band 7 Daniel Baier: Konzipierung und Realisierung einer Unterstützung des kombinierten Einsatzes von Methoden bei der Positionierungsanalyse. 1994.

Band 8 Ulrich Lutz: Preispolitik im internationalen Marketing und westeuropäische Integration. 1994.

Band 9 Kirsten Petersen: Design eines Courseware-Entwicklungssystems für den computerunterstützten universitären Unterricht. CULLIS-Teilprojekt I. 1996.

Band 10 Stefan Neumann: Einsatz von Interactive Video im computerunterstützten universitären Unterricht. CULLIS Teilprojekt II. 1996.

Band 11 Eberhard Aust: Simultane Conjointanalyse, Benefitsegmentierung, Produktlinien- und Preisgestaltung. 1996.

Band 12 Peter Heydebreck: Technologische Verflechtung. Ein Instrument zum Erreichen von Produkt- und Prozeßinnovationserfolg. 1996.

Band 13 Michael Pesch: Effiziente Verkaufsplanung im Investitionsgütermarketing. 1997.

Band 14 Frank Wartenberg: Entscheidungsunterstützung im persönlichen Verkauf. 1997.

Band 15 Thomas Lechler: Erfolgsfaktoren des Projektmanagements. 1997.

Band 16 Alexandre Saad: Anbahnung und Erfolg von europäischen kooperativen F&E-Projekten. Eine empirische Analyse anhand von ESPRIT-Projekten. 1998.

Band 17 Michael Löffler: Integrierte Preisoptimierung. 1999.

Band 18 Frank Säuberlich: KDD und Data Mining als Hilfsmittel zur Entscheidungsunterstützung. 2000.

INFORMATIONSTECHNOLOGIE UND ÖKONOMIE

(Neuer Reihentitel ab Band 19)

Band 19 Rainer Kiel: Dialog-gesteuerte Regelsysteme. Definition, Eigenschaften und Anwendungen. 2001.

Band 20 Axel Korthaus: Komponentenbasierte Entwicklung computergestützter betrieblicher Informationssysteme. 2001.

Band 21 Markus Aleksy: Entwicklung einer komponentenbasierten Architektur zur Implementierung paralleler Anwendungen mittels CORBA. Mit Beispielen aus den Wirtschaftswissenschaften. 2003.

Band 22 Michael Zapf: Flexible Kundeninteraktionsprozesse im Communication Center. 2003.

Band 23 Yvonne Staack: Kundenbindung im eBusiness. Eine kausalanalytische Untersuchung der Determinanten, Dimensionen und Verhaltenskonsequenzen der Kundenbindung im Online-Shopping und Online-Brokerage. 2004.

Band 24 Lars Schmidt-Thieme: Assoziationsregel-Algorithmen für Daten mit komplexer Struktur. Mit Anwendungen im Web Mining. 2003.

Band 25 Stefan Hocke: Flexibilitätsmanagement in der Logistik. Systemtheoretische Fundierung und Simulation logistischer Gestaltungsparameter. 2004.

Band 26 Viktor Jung: Markteintrittsgestaltung neugegründeter Unternehmen. Situationsspezifische und erfolgsbezogene Analyse. 2004.

Band 27 Lars Brehm: Postimplementierungsphase von ERP-Systemen in Unternehmen. Organisatorische Gestaltung und kritische Erfolgsfaktoren. 2004.

Band 28 Ralf Gitzel: Model-Driven Software Development Using a Metamodel-Based Extension Mechanism for UML. 2006.

Band 29 Bernd Stauß: Optimale Gestaltung von Auswahlmenüs und deren Verwendung im Variantenmanagement. 2006.

Band 30 Nils Schumacher: EDI via XML. Potentiale und Strategien für global orientierte kleine und mittlere Unternehmen. 2007.

Band 31 Christian Cuske: Quantifizierung operationeller Technologierisiken bei Kreditinstituten. Eine Ontologie-zentrierte Vorgehensweise im Spannungsfeld bankinterner und aufsichtsrechtlicher Sichtweise. 2007.

Band 32 Matthias Merz: Konzeptioneller Entwurf und prototypische Implementierung einer Sicherheitsarchitektur für die Java Data Objects-Spezifikation. 2008.

Band 33 Tobias Hildenbrand: Improving Traceability in Distributed Collaborative Software Development. A Design Science Approach. 2008.

Band 34 Karen H. L. Tso-Sutter: Towards Metadata-Aware Algorithms for Recommender Systems. 2010.

Band 35 Thomas Schoberth: Eine Längsschnittstudie der Kommunikationsaktivität in virtuellen Gemeinschaften. 2010.

Band 36 Nima Mazloumi: Entwurf eines Referenzmodells und Frameworks zur Erstellung hybrider Lehr- und Lernszenarien. Mit Fallbeispielen aus der Betriebswirtschaftslehre und der Wirtschaftsinformatik. 2010.

Band 37 Anja Zöller: Effizienzanalyse grundlegender Gestaltungsgrößen der OP-Organisation. 2010.

Band 38 Jessica Katharina Winkler: International Entry Mode Choices of Software Firms. An Analysis of Product-Specific Determinants. 2009.

Band 39 Martin J. Lafleur: *Loyalty Profiling.* Erfolgsdimensionen und Modellansätze eines effizienten und effektiven Customer Relationship Management. 2010.

Band 40 Ingo Ott: Effizientes Prozessmanagement im öffentlichen Dienst. 2010.

Band 41 Stefan Seedorf: Ontologie-gestützte Entwicklung komponentenbasierter Anwendungssysteme. Ein wissensbasiertes Informationssystem zur Unterstützung der Entwicklung und Wartung von Geschäftskomponenten (KompIS). 2010.

Band 42 Dominic Gastes: Erhebungsprozesse und Konsistenzanforderungen im Analytic Hierarchy Process (AHP). 2011.

Band 43 *erscheint in Kürze*

Band 44 Olaf Thiele: Informationsvisualisierungen auf mobilen Endgeräten zur Unterstützung des betrieblichen Datenmanagements. 2011.

Band 45 Krisztian Antal Buza: Fusion Methods for Time-Series Classification. 2011.

Band 46 Thomas Kude: The Coordination of Inter-Organizational Networks in the Enterprise Software Industry. The Perspective of Complementors. 2012.

Band 47 Alexandra Rebecca Klages: Clusteranalyse für Netzwerke. 2012.

Band 48 Christian Thum: Enabling Lightweight Real-time Collaboration. 2012.

Band 49 Miroslav Lazic: The Impact of Information Technology Governance on Business Performance. 2013.

Band 50 Verena Elisabeth Majuntke: Application Coordination in Pervasive Systems. 2013.

Band 51 Lars Klimpke: Konzeption und Realisierung eines integrierten Mikroblog-basierten Kommunikationsansatzes für die verteilte Softwareentwicklung. 2013.

Band 52 Erik Hemmer: Information Seeking Stopping Behavior in Online Scenarios. The Impact of Task, Technology and Individual Characteristics. 2013.

Band 53 Christoph Winkler: Optimierung im Airline Revenue Management. 2013.

www.peterlang.com

www.ingramcontent.com/pod-product-compliance
Ingram Content Group UK Ltd.
Pitfield, Milton Keynes, MK11 3LW, UK
UKHW021853290926
8980IPUK00005B/807

9 783631 644997